Mathematische Lehrstunden

von

K. H. Schellbach,

Professor der Mathematik am Königl. Friedrich-Wilhelms-Gymnasium
und an der Königl. Kriegs-Akademie zu Berlin.

Aufgaben
aus der
Lehre vom Größten und Kleinsten.

Bearbeitet und herausgegeben
von
A. Bode und E. Fischer, Dr. phil.

Mit sechs Figurentafeln.

Berlin.
Druck und Verlag von Georg Reimer.
1860.

Vorwort.

Die Verfasser des vorliegenden Buches hatten als Mitglieder des mathematischen Seminars, welches am hiesigen Friedrich-Wilhelms-Gymnasium errichtet ist, vielfache Gelegenheit, den mathematischen Unterricht des Herrn Professor Schellbach genauer kennen zu lernen. Sie übernahmen daher gern den Auftrag desselben, die von ihm in der Prima jenes Gymnasiums vorgetragenen und theilweise schon geordneten Aufgaben aus der Theorie der Maxima und Minima in seinem Sinne zu bearbeiten und herauszugeben, indem sie hofften, daß diese sowohl an sich interessanten, als in ihrer Behandlung pädagogisch fruchtbaren Probleme auch in weiteren Kreisen ein brauchbares Material für den Unterricht bieten dürften. Diese Aufgaben sind fast sämmtlich, wenn auch mit Hülfe des Lehrers, von den Schülern unseres Gymnasiums aufgelöst worden, und wir haben uns dadurch überzeugt, daß solche Probleme in der That mit Erfolg auf unseren Schulen behandelt werden können. Die Methoden, welche wir angewandt haben, die höheren und transscendenten Gleichungen numerisch aufzulösen, haben es uns möglich gemacht, die Auflösung aller Probleme vollständig durchzuführen, ein Punkt, auf den wir noch besonders aufmerksam zu machen wünschten.

Auch für Studirende der exacten Wissenschaften möchte in diesem Buche Manches enthalten sein, was einerseits zur

Einleitung in die höhere Analysis dienen und andererseits neue Gesichtspunkte für dieselbe darbieten kann. Ferner haben wir einzelne besonders wichtige Probleme, die sich in den meisten Lehrbüchern kaum angedeutet finden, mit einer besonderen Ausführlichkeit durchgeführt.

Leider sahen wir uns aber genöthigt, manche pädagogische Rücksichten fallen zu lassen, um der vorliegenden Sammlung eine wissenschaftlichere Gliederung und einen bessern Abschluß geben zu können. Wir würden z. B. die wenigen im §§. 1 des ersten Capitels zusammengestellten Aufgaben und ebenso die meisten die kürzesten Linien betreffenden Abschnitte zu einer Behandlung auf der Schule nur in seltenen Fällen für ersprießlich halten. Ebenso möchten wir es vorziehen, das im Anfange des dritten Capitels in seinen Principien auseinandergesetzte Rechnungsverfahren nicht zuerst den Schülern vorzutragen, sondern dieselben durch schickliche Behandlung der Aufgaben selbst allmählig in den Gedanken der Methode einzuführen.

Einige, besonders physikalische, Aufgaben haben wir beide den vom Herrn Professor Schellbach behandelten hinzugefügt. Außerdem hatten die Herren F. G. Mehler und Dr. J. W. O. Röthig die Rechnung in einzelnen Nummern bereits früher durchgeführt.

Berlin, Ende März 1860.

A. Bode. E. Fischer, Dr. phil.

Inhaltsverzeichniß.

Seite

Einleitung 1

Erstes Kapitel.

Funktionen, aus deren Gestalt sich durch bloße Umformung ihre größten und kleinsten Werthe ergeben.

§. 1. Algebraische Funktionen, Nr. 1—5 2

§. 2. Trigonometrische Funktionen, Nr. 6—9 5

Zweites Kapitel.

Functionen, deren größte und kleinste Werthe durch Auflösung quadratischer Gleichungen gefunden werden, Nr. 10—16 9

Drittes Kapitel.

Allgemeine Methode die größten und kleinsten Werthe beliebiger Funktionen mit einer Veränderlichen aufzufinden 16

§. 1. Geometrische Aufgaben, Nr. 17—39 19

17—31 stereometrische Aufgaben, 32—35, 38 und 39 Aufgaben aus der ebenen, Nr. 36 und 37 aus der sphärischen Trigonometrie.

§. 2. Mechanische Aufgaben 59

§. 3. Physikalische Aufgaben 72

Stillstand der Planeten 48, Regenbogen 49, Mond- und Sonnenhöfe 50, photometrische Probleme 51—59. Der Körper der stärksten Attraction 60.

Viertes Kapitel.

Seite

Größte und kleinste Werthe von Funktionen mit mehreren Veränderlichen . 112
Nr. 61—66.

Fünftes Kapitel.

Vermischte Aufgaben 122
Theorie der kürzesten Linien Nr. 70—75 und isoperimetrische Probleme von Steiner, Nr. 76—85.

Einleitung.

Man versteht unter einer Funktion der Größe x eine zweite Größe M, welche von der ersteren auf irgend eine Weise so abhängt, daß ihr Werth bestimmt ist, wenn x bestimmte sonst aber beliebige Werthe annimmt. Man nennt deshalb x die unabhängig und M die abhängig veränderliche (variable) Größe.

Im Folgenden betrachten wir nur solche Funktionen, deren Abhängigkeitsgesetz sich in die Form eines mathematischen Ausdrucks kleiden läßt und stellen uns zur Aufgabe, diejenigen Werthe der unabhängig Veränderlichen x zu finden, welche einer gegebenen Funktion ihre Maximal- oder Minimalwerthe geben. Wir verstehen aber unter denselben diejenigen besondern Werthe der Funktion, welche bei einer stetigen Veränderung von x, im ersteren Falle größer, im andern kleiner sind, als die unmittelbar vorhergehenden und die unmittelbar folgenden. Offenbar fallen die absolut größten und kleinsten Werthe einer Funktion mit unter diese Definition, wenn wir von einigen Ausnahmefällen, die bei den folgenden Aufgaben nicht vorkommen, absehen wollen.

Erstes Kapitel.

§. 1.

In vielen Fällen läßt die Form einer Funktion M sofort die Werthe der unabhängig Veränderlichen erkennen, welche dem Maximum oder Minimum entsprechen, oder läßt wenigstens sofort die Gleichungen aufstellen, durch welche dieselbe bestimmt wird. Dies findet unter andern Statt, wenn M eine Summe von Quadraten oder auch Constanten und Quadraten ist, oder sich unter der Form einer einfachen trigonometrischen Funktion darstellt, wie aus den folgenden Problemen ersichtlich ist.

1. Eine gegebene Strecke 2a soll so in zwei Theile getheilt werden, daß das aus beiden Stücken gebildete Rechteck den größtmöglichen Inhalt hat.

Bezeichnet man das eine Stück der gegebenen Strecke mit $a+x$, so ist das andere $a-x$ und der Flächeninhalt des aus beiden gebildeten Rechteckes

$$M = a^2 - x^2.$$

Offenbar hat nun M für $x = 0$ seinen größten Werth, so daß das aus der Seite a gebildete Quadrat das gesuchte größte Rechteck ist.

2. Für welche Werthe von x wird die Funktion:

$$M = ax + \frac{b}{x+\alpha}$$

ein Minimum?

Aus der gegebenen Form von M folgt leicht:

$$\begin{aligned} M &= a(x+\alpha) + \frac{b}{x+\alpha} - a\alpha \\ &= a(x+\alpha) + 2\sqrt{ab} + \frac{b}{x+\alpha} - (a\alpha + 2\sqrt{ab}) \\ &= -(a\alpha + 2\sqrt{ab}) + \left\{\sqrt{a(x+\alpha)} + \sqrt{\frac{b}{(x+\alpha)}}\right\}^2. \end{aligned}$$

Man erhält nun offenbar den kleinsten Werth von M, wenn das Quadrat in der letzten Gleichung verschwindet. Die gesuchten x sind also durch die Gleichung bestimmt:

$$\sqrt{a(x+\alpha)} + \sqrt{\frac{b}{x+\alpha}} = 0$$

oder

$$x = -\alpha + \sqrt{\frac{b}{a}}.$$

Der kleinste Werth der Funktion M aber selbst ist

$$M = -(a\alpha + 2\sqrt{ab}).$$

Dabei ist noch zu berücksichtigen, daß die Wurzel ein doppeltes Vorzeichen haben kann, so daß M zwei Minimalwerthe hat.

3. Es soll das Maximum der Funktion

$$M = \frac{a}{x+\alpha} - \frac{b}{x+\beta}$$

gefunden werden.

Man hat offenbar identisch:

$$M(\alpha-\beta) = (x+\alpha-(x+\beta))\left\{\frac{a}{x+\alpha} - \frac{b}{x+\beta}\right\}$$

oder, wenn man nach Auflösung der Klammern $2\sqrt{ab}$ addirt und subtrahirt:

$$M(\alpha-\beta) = (\sqrt{a}-\sqrt{b})^2 - \left\{\sqrt{\frac{a(x+\beta)}{x+\alpha}} - \sqrt{\frac{b(x+\alpha)}{x+\beta}}\right\}^2.$$

Die Maximalwerthe von M sind also durch die Gleichung bestimmt:

$$\sqrt{\frac{a(x+\beta)}{x+\alpha}} - \sqrt{\frac{b(x+\alpha)}{x+\beta}} = 0.$$

Erweitert man mit $\sqrt{\frac{x+\alpha}{x+\beta}}$, so erhält man mit Berücksichtigung der doppelten Wurzelzeichen:

$$x = \frac{\pm\alpha\sqrt{b}-\beta\sqrt{a}}{\sqrt{a}\mp\sqrt{b}}.$$

Die entsprechenden größten Werthe von M aber sind:

$$M = \frac{(\sqrt{a}\mp\sqrt{b})^2}{\alpha-\beta}.$$

4. Aehnliche Beispiele ließen sich auch für den Fall aufstellen, daß M eine Funktion mehrerer unabhängig Veränderlicher ist. Es ist z. B.

$$M = (x-y)\left(\frac{a}{x} - \frac{b}{y}\right)$$

$$= (\sqrt{a}\pm\sqrt{b})^2 - \left(\sqrt{\frac{ay}{x}} \pm \sqrt{\frac{bx}{y}}\right)^2$$

ein Maximum, wenn man hat:

$$\sqrt{\frac{ay}{x}} \pm \sqrt{\frac{bx}{y}} = 0.$$

5. Ebenso ist

$$M = a\sqrt{x+\alpha} - b\sqrt{y+\beta}$$

oder

$$M^2 = (a^2-b^2)(x-y+\alpha-\beta) + (a\sqrt{y+\beta} - b\sqrt{x+\alpha})^2$$

ein Minimum, wenn man annimmt, daß

$$x-y$$

immer denselben konstanten Werth behält, und man außerdem

$$(1.) \quad a\sqrt{y+\beta}-b\sqrt{x+\alpha}=0$$

setzt.

Auf eine Funktion von der vorliegenden Form führt, z. B. das folgende Problem, welches übrigens in Nr. 40 noch einmal behandelt ist. Von welcher Höhe CA = x (Fig. 24) muß eine vollkommen elastische Kugel fallen, damit sie zurückspringend in der kürzesten Zeit einen auf der Vertikale CA liegenden Punkt B wieder erreiche?

Es sei BA = h. Die Kugel fällt von C bis A in der Zeit

$$t=\sqrt{\frac{2x}{g}}.$$

Die Zeit τ aber, welche die Kugel gebraucht, um wieder nach B zurückzuspringen, ist ebenso groß als die Zeit, in welcher der von C fallende Körper die Strecke BA zurücklegt. Mithin

$$\tau=\sqrt{\frac{2x}{g}}-\sqrt{\frac{2(x-h)}{g}} \quad \text{und}$$

$$t+\tau=\sqrt{\frac{2}{g}}\left\{2\sqrt{x}-\sqrt{x-h}\right\}.$$

Es soll nun

$$M=2\sqrt{x}-\sqrt{x-h}=2\sqrt{x}-\sqrt{y}$$

ein Minimum werden. Diese Funktion ist aber mit dem obigen M identisch, wenn man a = 2, b = 1, $\alpha=\beta=0$ setzt. Da nun in der That x—y stets denselben konstanten Werth h behält, so hat man nach der Gleichung (1.)

$$2\sqrt{x-h}-\sqrt{x}=0, \quad \text{oder}$$

$$x=\frac{4h}{3}$$

als die gesuchte Höhe, von welcher die Kugel herabfallen muß. Mithin ist das kleinste $t+\tau=\sqrt{\frac{6h}{g}}$ Sekunden.

§. 2.

Sehr einfach lassen sich ferner die Maxima und Minima auffinden, wenn der zu untersuchende Ausdruck sich in die Form einer einfachen trigonometrischen Funktion bringen läßt.

6. Es sollen auf der schiefen Ebene AB (Fig. 1) Steine von A nach irgend einem Punkte B der senkrechten Wand CE hinabgleiten. Wie ist dieser Punkt B zu bestimmen, damit die Steine den Weg AB in der kürzesten Zeit zurücklegen?

Es sei der Abstand des Punktes A von der Wand CE, $AD = a$, der Winkel $DBA = x$, also $AB = \frac{a}{\sin x}$. Legt aber ein Stein diese Strecke AB in der Zeit t zurück, so hat man auch:

$$AB = \tfrac{1}{2} g t^2 . \cos x.$$

Durch Gleichsetzen dieser beiden Werthe von AB erhält man:

$$t = \sqrt{\frac{2a}{g \sin x \cos x}} = \sqrt{\frac{4a}{g . \sin 2x}}.$$

Diese Funktion wird aber ein Minimum, wenn $\sin(2x)$ seinen größten Werth hat, d. h. $= 1$ ist. Folglich ist das dem kleinsten t entsprechende $x = 45^\circ$.

7. Dieselbe Aufgabe läßt sich auch noch auf dieselbe Weise lösen, wenn auf die Reibung Rücksicht genommen wird. Ist nämlich der Reibungskoëfficient $= \operatorname{tg} \alpha$, so ist die in der Richtung der schiefen Ebene wirkende Componente der den Stein bewegenden Kräfte:

$$g(\cos x - \sin x . \operatorname{tg} \alpha),$$

da die Reibung dem Drucke $g . \sin x$ proportional ist. Es folgt also ganz wie vorher:

$$\frac{a}{\sin x} = \tfrac{1}{2} g (\cos x - \sin x . \operatorname{tg} \alpha) t^2 \quad \text{oder}$$

$$t = \sqrt{\frac{2a}{g(\sin x \cos x - \sin^2 x \tan g \alpha)}}.$$

Es wird nun t ein Minimum, sobald der Nenner der Wurzel ein Maximum wird. Derselbe nimmt aber leicht die Form an:

$$\tfrac{1}{2} \cdot \sin 2x + \tfrac{1}{2} \cos 2x \operatorname{tg} \alpha - \tfrac{1}{2} \operatorname{tg} \alpha \quad \text{oder}$$

$$\tfrac{1}{2} \frac{\sin(2x + \alpha)}{\cos \alpha} - \tfrac{1}{2} \operatorname{tg} \alpha.$$

Dieser Ausdruck nun wird ein Maximum, wenn es

$$\sin(2x+\alpha)$$

wird. Dies geschieht aber, sobald

$$2x+\alpha = \tfrac{1}{2}\pi \quad \text{oder}$$

$$x = \tfrac{1}{4}\pi - \tfrac{1}{2}\alpha$$

ist. Damit ist denn das dem Minimum entsprechende x gefunden.

8. Es sollen wiederum Steine auf AC (Fig. 2) von A nach irgend einem Punkte C der geneigten Wand BC in der möglichst kurzen Zeit hinübergleiten. Wie ist demgemäß der Punkt C zu bestimmen?

Es sei die vertikale Strecke $AB = a$, der gegebene Winkel $ABC = \beta$. Der veränderliche Winkel $BAC = x$.

Der Kürze halber wollen wir diese Aufgabe sogleich mit Berücksichtigung der Reibung auflösen. Will man übrigens von derselben absehen, so hat man nur in der folgenden Rechnung den Reibungskoëfficienten $\operatorname{tg}\alpha = 0$ zu setzen.

Man hat nun wieder analog wie oben:

$$AC = \tfrac{1}{2}g\,.\,t^2(\cos x - \sin x \operatorname{tg}\alpha) = \frac{a\,.\sin\beta}{\sin(\beta+x)},$$

mithin

$$gt^2\frac{\cos(\alpha+x)}{2\cos\alpha} = \frac{a\sin\beta}{\sin(\beta+x)}$$

also

$$t^2 = \frac{2a\sin\beta\cos\alpha}{g\sin(\beta+x)\cos(\alpha+x)}$$

$$= \frac{4a\sin\beta\cos\alpha}{g\{\sin(2x+\alpha+\beta)+\sin(\beta-\alpha)\}}.$$

Offenbar aber ist t^2 am kleinsten, wenn $\sin(2x+\alpha+\beta)$ am größten, oder

$$x = \tfrac{1}{4}\pi - \tfrac{1}{2}(\alpha+\beta)$$

ist.

9. Ein Viereck, dessen vier Seiten gegeben sind, soll so konstruirt werden, daß sein Flächeninhalt so groß als möglich ist. Es sei ABCD (Fig. 3) irgend eines der Vierecke mit den Seiten a, b, c, d. Die Diagonale AC sei außerdem $= e$. Der Winkel $ABC = \alpha$

und ADC $= \beta$. Man hat alsdann:

$$\triangle ADC = \tfrac{1}{4}\sqrt{(c+d+e)(c+d-e)(c-d+e)(-c+d+e)}$$
$$= \tfrac{1}{4}\sqrt{(c+d)^2-e^2}.\sqrt{e^2-(d-c)^2}.$$

Da aber

$$e^2 = (a+b)^2\sin^2\tfrac{1}{2}\alpha+(a-b)^2\cos^2\tfrac{1}{2}\alpha$$

ist, so hat man:

$$\triangle ADC = \tfrac{1}{4}\sqrt{(c+d)^2-(a+b)^2\sin^2\tfrac{1}{2}\alpha-(a-b)^2\cos^2\tfrac{1}{2}\alpha}$$
$$\sqrt{(a+b)^2\sin^2\tfrac{1}{2}\alpha+(a-b)^2\cos^2\tfrac{1}{2}\alpha-(d-c)^2}.$$

Substituirt man noch

$$\tfrac{1}{2}(a+b+c+d) = s,$$

so folgt aus der letzten Gleichung:

$$\triangle ADC = \sqrt{(s-a)(s-b)-a.b.\sin^2\tfrac{1}{2}\alpha}\,\sqrt{(s-c)(s-d)-a.b.\cos^2\tfrac{1}{2}\alpha}.$$

Setzt man ferner:

$$s-a = a'; \quad s-b = b'; \quad s-c = c'; \quad s-d = d'$$

und außerdem

$$\text{(a)} \quad \sin\tfrac{1}{2}\alpha\sqrt{\frac{a.b}{a'.b'}} = \sin\varphi; \quad \cos\tfrac{1}{2}\alpha\sqrt{\frac{a.b}{c'.d'}} = \sin\psi,$$

so erhält man:

$$\text{(b)} \quad \triangle ADC = \cos\varphi.\cos\psi\sqrt{a'b'c'd'}.$$

Ferner folgt aus (a) durch Multiplikation:

$$\sin\varphi.\sin\psi = \frac{\tfrac{1}{2}a.b\sin\alpha}{\sqrt{a'b'c'd'}}$$

oder, da

$$\triangle ABC = \tfrac{1}{2}a.b\sin\alpha$$

ist,

$$\text{(c)} \quad \triangle ABC = \sin\varphi.\sin\psi\sqrt{a'b'c'd'}.$$

Durch Addition von (b) und (c) erhält man nun sofort das Gesammtviereck

$$M = \cos(\varphi-\psi)\sqrt{a'b'c'd'}.$$

Wir haben damit eine sehr einfache Formel für den Inhalt eines beliebigen Vierecks gefunden, wenn die vier Seiten a, b, c, d und ein Winkel α gegeben sind.

Da ferner $\sqrt{a'b'c'd'}$ konstant ist, so wird M ein Maximum, wenn $\varphi = \psi$ ist. Der gesuchte größte Werth ist also:

$$M = \sqrt{a'b'c'd'}.$$

Mit Hülfe der Gleichungen (a) nun findet man leicht den Winkel α, welcher zum gesuchten größten Vierecke gehört. Man erhält

$$\operatorname{tg} \tfrac{1}{2}\alpha = \sqrt{\frac{a'b'}{c'd'}},$$

also

$$\tfrac{1}{2} \sin \alpha = \frac{\sqrt{a'b'c'd'}}{a'b' + c'd'}.$$

Das zugehörige β folgt offenbar aus derselben Formel, wenn man nur a mit c und b mit d vertauscht. Da sich aber dadurch der letztgefundene Werth von α nicht ändert, so hat man für das größte Viereck

$$\sin \alpha = \sin \beta$$

oder

$$\alpha + \beta = \pi,$$

da α nicht gleich β sein kann. Sonst wäre nämlich nach einer ganz ähnlichen Rechnung auch Winkel DAB = W. DCB, oder das Viereck ein Parallelogramm, was bei der Verschiedenheit der gegebenen Seiten unmöglich ist.

Von allen Vierecken also, die vier gegebene Seiten haben, ist dasjenige das größte, um welches ein Kreis beschrieben werden kann.

Zweites Kapitel.

Hat die Funktion, deren Maximal- oder Minimalwerthe gefunden werden sollen, die Form eines Ausdrucks zweiten Grades, ist also M (oder auch irgend eine Potenz von M, oder eine einfache trigonometrische Funktion derselben Größe)

$$= ax^2 + bx + c,$$

so hat man, wenn diese Gleichung nach x aufgelöst wird, in der Form ihrer Wurzeln ein einfaches Mittel, sofort die größten resp. kleinsten Werthe von M zu finden. Man erhält nämlich

$$x = -\frac{b}{2a} \pm \sqrt{\frac{b^2}{4a^2} - \frac{c - M}{a}}.$$

Da aber x stets reell bleiben soll, also der Ausdruck unter der Wurzel nie kleiner als 0 werden darf, so sind die ausgezeichneten

Werthe von M so zu bestimmen, daß die Wurzel verschwindet. Ob diese Werthe kleinste oder größte sind, läßt sich leicht in den einzelnen Fällen entscheiden.

§. 1.

10. In einen gegebenen Halbkreis soll das Rechteck beschrieben werden, das den größten Flächeninhalt hat.

Im Halbkreise, dessen Mittelpunkt M (Fig. 4), dessen Durchmesser $AB = 2r$ ist, sei zunächst das beliebige Rechteck CEFD beschrieben, und es sei $MD = x$, $DF = y$. Der Flächeninhalt des Rechteckes ist dann nach dieser Bezeichnung:

$$(1) \quad M = 2xy.$$

Da aber die Ecken E und F auf dem Halbkreise liegen sollen, so ist

$$(2) \quad x^2 + y^2 = r^2.$$

Quadrirt man nun die Gleichung (1), so folgt nach der Theorie der quadratischen Gleichungen aus (1) und (2), daß x^2 und y^2 Wurzeln der Gleichung sind:

$$t^2 - r^2 t + \tfrac{1}{4} M^2 = 0 \quad \text{oder}$$

$$(3) \quad \begin{cases} x^2 = \frac{1}{2} r^2 \pm \frac{1}{2} \sqrt{r^4 - M^2}, \\ y^2 = \frac{1}{2} r^2 \mp \frac{1}{2} \sqrt{r^4 - M^2}. \end{cases}$$

Der größte Werth also, den M annehmen kann, ist r^2, weil für größere M sowohl x als y imaginär würden. Ist aber

$$M = r^2,$$

so folgt aus (3):

$$x = y = \frac{r}{\sqrt{2}}$$

als Seiten des gesuchten größten Rechteckes. Unter allen Rechtecken also, die einem Quadranten eingeschrieben werden können, hat das Quadrat den größten Flächeninhalt. Dasselbe gilt offenbar auch vom ganzen Kreise.

11. In ein gegebenes Dreieck soll das größte Rechteck beschrieben werden, dessen eine Seite auf der Basis des Dreiecks liegt.

Die Basis AC (Fig. 5) sei $= a$, die Höhe $BH = h$. DEFG sei irgend ein Rechteck, dessen Basis auf AC liegt, DG sei x, $GF = y$.

Man hat nun aus der Aehnlichkeit der Dreiecke BEF und BAC die Gleichung:

$$(1)\quad (a-x)h = ay.$$

Der Inhalt des Rechtecks aber ist

$$(2)\quad M = xy.$$

Mithin, wenn man y mit Hülfe von (1) eliminirt

$$x^2 - ax + \frac{M.a}{h} = 0 \quad \text{oder}$$

$$(3)\quad x = \tfrac{1}{2}a \pm \sqrt{\tfrac{1}{4}a^2 - \frac{M.a}{h}}.$$

Der größte Werth von M bestimmt sich also durch die Gleichung:

$$\tfrac{1}{4}a^2 = \frac{Ma}{h} \quad \text{oder}$$

$$M = \tfrac{1}{4}ah.$$

Die entsprechenden Werthe von x und y sind demnach nach (3) und (1)

$$x = \tfrac{1}{2}a \quad \text{und} \quad y = \tfrac{1}{2}h.$$

12. Auf der horizontalen Ebene, in welcher sich der Thurm AF (Fig. 6) erhebt, sei irgendwie ein Rechteck gegeben. Man lege eine Ebene so durch AF, daß sie zwei Seiten des Rechtecks senkrecht in den Punkten B und C schneidet. Es ist dann AB = a der Abstand des Rechteckes von A und BC seine Breite. In welcher Höhe AD nun erscheint das Rechteck am breitesten, d. h. in welcher Höhe ist der Gesichtswinkel BDC = M am größten?

Es sei AC = b, ADB = β, AD = x. Man hat nach dieser Bezeichnung:

$$\operatorname{tg} M = \operatorname{tg}(ADC - \beta) = \frac{\operatorname{tg} ADC - \operatorname{tg}\beta}{1 + \operatorname{tg} ADC \operatorname{tg}\beta}.$$

Nun ist aber:

$$\operatorname{tg} ADC = \frac{b}{x}, \quad \operatorname{tg}\beta = \frac{a}{x},$$

folglich

$$\operatorname{tg} M = \frac{(b-a)x}{x^2+ab}, \quad \text{oder}$$

$$x^2 - \frac{b-a}{\operatorname{tg} M}x + ab = 0 \quad \text{und}$$

$$x = \frac{b-a}{2\operatorname{tg} M} \pm \sqrt{\left(\frac{b-a}{2\operatorname{tg} M}\right)^2 - ab}.$$

Weil nun in unserm Falle M immer kleiner als $\frac{1}{2}\pi$ sein muß, so ist, für das größte M, $\left(\frac{b-a}{2\,\mathrm{tg}\,M}\right)^2$ am kleinsten. Da aber dies Quadrat nie kleiner werden darf als a.b, so findet man den größten Gesichtswinkel M aus der Gleichung:

$$\left(\frac{b-a}{2\,\mathrm{tg}\,M}\right)^2 = a.b \quad \text{oder}$$

$$\mathrm{tg}\,M = \frac{b-a}{2\sqrt{ab}}.$$

Die entsprechende Höhe x ist $= \sqrt{a.b}$.

13. Wiederum sei AF ein Thurm, BC = b die Breite eines Gebäudes, dessen Höhe CD = h ist (Fig. 7). AB = a. In welcher Höhe AH erscheint das Gebäude CBD am größten, oder ist der Gesichtswinkel BHD = M ein Maximum?

Es sei AH = x und Winkel AHB = β.

Man hat alsdann, wie oben:

$$\mathrm{tg}\,M = \mathrm{tg}(AHD-\beta) = \frac{\mathrm{tg}\,AHD - \mathrm{tg}\,\beta}{1+\mathrm{tg}\,AHD\,.\,\mathrm{tg}\,\beta}.$$

Es ist aber

$$\mathrm{tg}\,AHD = \frac{a+b}{x-h} \quad \text{und} \quad \mathrm{tg}\,\beta = \frac{a}{x}.$$

Folglich:

$$\mathrm{tg}\,M = \frac{(a+b)x-a(x-h)}{a(a+b)+x(x-h)}, \quad \text{oder}$$

$$x^2-(b\cot M+h)x+a(a+b)-ah\cot M = 0.$$

Mithin

$$x = \tfrac{1}{2}(b\cot M+h) \pm \sqrt{\tfrac{1}{4}(b\cot M+h)^2+ah\cot M-a(a+b)}.$$

Da nun der von M abhängige Theil unter der Wurzel mit wachsendem M abnimmt, so wird der größte Werth, den M erhalten kann, durch die Gleichung bestimmt:

$$\tfrac{1}{4}(b\cot M+h)^2+ah\cot M = a(a+b) \quad \text{oder}$$

$$\mathrm{tg}\,M = \frac{h(2a+b)\pm 2p\sqrt{a(a+b)}}{4a(a+b)-h^2},$$

wenn man $b^2+h^2 = p^2$ setzt.

Der dem Maximum von M entsprechende Werth von x ist nun aber

$$x = \frac{1}{2}(b \cot M + h).$$

Setzt man den soeben gefundenen Werth von tg M in diese Gleichung ein, und erweitert dann mit $h(2a+b) \mp 2p\sqrt{a(a+b)}$, so erhalten Zähler und Nenner der rechten Seite den gemeinschaftlichen Faktor

$$2b(h^2 - 4a(a+b)),$$

hebt man denselben also fort, so findet man schließlich:

$$(1) \qquad x = \frac{1}{b}(-a.h \pm p\sqrt{a(a+b)})$$

zwei Werthe, von welchen der negative einen Punkt bestimmt, welcher von F aus gesehen, über A hinaus liegt.

Ist $h = 0$, so wird $p = b$ und man erhält das Resultat der vorigen Aufgabe.

Ist hingegen $b = 0$, also $p = h$, so erscheint x in der Form des Unbestimmten $\frac{0}{0}$. Man erhält aber durch Erweitern der rechten Seite der Gleichung (1) mit $a.h + p\sqrt{a(a+b)}$

$$x = \frac{(ab + p^2)\sqrt{a}}{h\sqrt{a} + p\sqrt{a+b}},$$

und wenn man $b = 0$, also $p = h$ setzt:

$$x = \frac{h^2\sqrt{a}}{2h\sqrt{a}} = \frac{1}{2}h.$$

Um also eine vertikale Wand von irgend einer Linie AF aus am größten zu sehen, muß man sich in der halben Höhe der Wand befinden, wie auch von vorn herein klar ist.

Man könnte übrigens leicht die beiden soeben gelösten Aufgaben in eine einzige zusammenfassen und sie ohne alle Rechnung synthetisch auflösen.

Man denke sich zu diesem Zwecke zwei Punkte C und D und eine beliebige gerade Linie L. Man soll auf dieser geraden Linie diejenigen Punkte F bestimmen, für welche der Winkel CFD ein Maximum wird. Offenbar kann man durch jeden Punkt A der geraden Linie L und durch C und D einen Kreis legen, in welchem der Winkel CAD Peripheriewinkel zu der konstanten Sehne CD ist.

Je kleiner aber die Kreise, je größer sind für dieselbe Sehne die Peripheriewinkel. Die kleinsten Kreise aber, welche überhaupt noch Punkte mit der Linie L gemein haben und durch C und D gehen, sind die beiden die Linie berührenden. Mithin sind ihre Berührungspunkte die gesuchten beiden Punkte F, da die entsprechenden Winkel die größten sind.

Die so bestimmten Maximalpunkte sind auch leicht geometrisch zu konstruiren.

Man lege nämlich durch C und D irgend einen Kreis, der die Linie L schneidet und verlängere CD bis die gegebene Linie L im Punkte G geschnitten wird. Von G aus lege man ferner eine Tangente an den obigen Kreis, deren Berührungspunkt H sein mag. Alsdann sind die Schnittpunkte der Linie L mit dem Kreise, dessen Mittelpunkt G und dessen Radius GH ist, die gesuchten beiden Punkte F und F′. Zum Beweise bemerke man nur, daß $GF^2 = GF'^2 = GH^2 = GC.GD$ ist.

Die Aufgabe, diejenigen Punkte eines Kreises zu finden, von denen aus die Strecke CD am größten oder kleinsten erscheint, wird ebenfalls auf die Construktion derjenigen Kreise zurückgeführt, welche durch die Punkte C und D gehen und den gegebenen Kreis berühren.

14. Es sei ACB (Fig. 8) ein beliebiger Winkel α. Zwischen seinen Schenkeln liege ein Punkt D. Man soll durch D eine gerade Linie XY so legen, daß der Umfang des Dreiecks XCY ein Minimum wird.

Man ziehe $DF \# CE = a$ und $DE \# FC = b$, so daß der Punkt D durch seine schiefwinkligen Coordinaten a und b gegeben ist. Der Winkel EDY sei ferner die unabhängig Veränderliche x, welche die Lage der gesuchten Linie bestimmt. Es ist alsdann

$$EY = \frac{b \sin x}{\sin(\alpha + x)}; \quad DY = \frac{b \sin \alpha}{\sin(\alpha + x)},$$

$$XD = \frac{a \sin \alpha}{\sin x}; \quad XF = \frac{a \sin(\alpha + x)}{\sin x}.$$

Hieraus folgt für den Umfang des Dreieckes XCY:

$$U = a + b + \frac{a}{\sin x}\{\sin\alpha + \sin(\alpha + x)\} + \frac{b}{\sin(\alpha + x)}(\sin\alpha + \sin x)$$

$$= a + b + \frac{a\sin(\alpha + \frac{1}{2}x)}{\sin\frac{1}{2}x} + b\cdot\frac{\cos\frac{1}{2}(\alpha - x)}{\cos\frac{1}{2}(\alpha + x)}$$

$$= a + b + a\cos\alpha + a\sin\alpha\,\mathrm{ctg}\,\tfrac{1}{2}x + b\cdot\frac{\mathrm{ctg}\,\frac{1}{2}\alpha\,.\,\mathrm{ctg}\,\frac{1}{2}x + 1}{\mathrm{ctg}\,\frac{1}{2}\alpha\,.\,\mathrm{ctg}\,\frac{1}{2}x - 1}.$$

Es wird nun U ein Minimum, wenn es der von x abhängige Theil M des soeben gefundenen Ausdrucks wird. Setzt man ferner zur Abkürzung $\mathrm{ctg}\,\frac{1}{2}x = z$ und $\mathrm{ctg}\,\frac{1}{2}\alpha = c$, so erhält man nach Multiplikation mit $cz - 1$:

$$M(cz - 1) = a\sin\alpha(cz^2 - z) + b(cz + 1)$$

oder:

$$z^2 - \frac{M + 2\sin^2\frac{1}{2}\alpha - b}{a\sin\alpha}\cdot z + \frac{M + b}{a\sin\alpha\,\mathrm{ctg}\,\frac{1}{2}\alpha} = 0.$$

Mithin, wenn man diese Gleichung nach z auflöst und den Wurzelausdruck $= 0$ setzt:

$$M = b + 2a\sin^2\tfrac{1}{2}\alpha \pm 4\sin\tfrac{1}{2}\alpha\sqrt{a.b}.$$

M darf also nicht kleiner sein als der größte dieser beiden Werthe, weil sonst x imaginär würde. Das Minimum hat also den Werth:

$$M = b + 2a\sin^2\tfrac{1}{2}\alpha + 4\sin\tfrac{1}{2}\alpha\sqrt{ab}$$

und demgemäß

$$U = 2(b + a) + 4\sin\tfrac{1}{2}\alpha\sqrt{a.b}.$$

Ferner erhält man:

$$\mathrm{ctg}\,\tfrac{1}{2}x = \mathrm{tg}\,\tfrac{1}{2}\alpha + \sec\tfrac{1}{2}\alpha\sqrt{\frac{b}{a}}.$$

Der zweite Werth von M aber würde ein Maximum dieser Größe sein und keine geometrische Bedeutung haben. Man erkennt dies leicht, wenn man M von $+\infty$ bis zu $b + 2a\sin^2\frac{1}{2}\alpha + 4\sin\frac{1}{2}\alpha\sqrt{ab}$ herabsinken läßt. Bei noch kleineren M nämlich wird die Wurzel imaginär und bleibt es, bis M den zweiten Werth annimmt, oder

$$= b + 2a\sin^2\tfrac{1}{2}\alpha - 4\sin\tfrac{1}{2}\alpha\sqrt{ab}$$

wird. Von diesem Werthe aber an, der allerdings ein analytisches Maximum ist, aber keine geometrische Bedeutung hat, wird und bleibt die Wurzel für weiteres Abnehmen von M stets positiv. Aus den oben gefundenen Resultaten nun ergiebt sich auch leicht die Strecke

$$EY = b \frac{1+\sin\frac{1}{2}\alpha\sqrt{\frac{a}{b}}}{1+\sin\frac{1}{2}\alpha\sqrt{\frac{b}{a}}}$$

und damit ist unsere Aufgabe vollständig gelöst.

Wäre $\alpha = 90^0$ gegeben, so hätte man:

$$U = 2(a+b+\sqrt{2ab}); \quad \text{ctg}\,\tfrac{1}{2}x = 1+\sqrt{\frac{b}{2a}}$$

$$EY = b\frac{1+\sqrt{\frac{a}{2b}}}{1+\sqrt{\frac{b}{2a}}}.$$

15. Aus einem gegebenen geraden Kegel soll ein gerader Cylinder mit Kreisbasis geschnitten werden, der dieselbe Axe wie der Kegel hat, und dessen Mantel ein Maximum ist.

Es sei BAC (Fig. 9) ein Schnitt des Kegels durch seine Axe, die Höhe BD = h, AD = r. Irgend einer der eingeschriebenen Cylinder habe die Höhe = y und den Radius des Grundkreises = x. Es ist dann offenbar:

$$(1) \quad y = \frac{r-x}{r}.h.$$

Der Mantel M ist aber $= 2\pi x.y$.

Also, wenn man y mit Hülfe von (1) eliminirt:

$$(2) \quad M = \frac{2\pi h}{r}(rx-x^2) \quad \text{oder}$$

$$x^2-rx+\frac{rM}{2\pi h} = 0,$$

folglich

$$x = \frac{r}{2}\pm\sqrt{\frac{r^2}{4}-\frac{rM}{2\pi h}}.$$

Der größte Werth, den M überhaupt annehmen kann, ist also durch die Gleichung bestimmt:

$$\frac{r^2}{4} = \frac{rM}{2\pi h}, \quad \text{oder}$$

$$M = \tfrac{1}{2}(\pi r h).$$

Daraus folgt:

$$x = \tfrac{1}{2}r \quad \text{und} \quad y = \tfrac{1}{2}h.$$

16. Soll dagegen die Gesammtoberfläche des ausgeschnittenen Cylinders ein Maximum werden, so erhält man wiederum die Gleichung (1) der vorigen Nummer. Die Gesammtoberfläche M hingegen nimmt die Form an:

$$M = 2\pi xy + 2\pi x^2.$$

Daraus folgt nun durch Elimination von y:

$$x^2 - \frac{rh}{h-r}\cdot x + \frac{rM}{2\pi(h-r)} = 0, \quad \text{oder}$$

$$x = \frac{hr}{2(h-r)} \pm \sqrt{\frac{r^2h^2}{4(h-r)^2} - \frac{rM}{2\pi(h-r)}}.$$

Der größte Werth also, den M annehmen kann, ist

$$M = \frac{rh^2\pi}{2(h-r)}.$$

Das entsprechende x aber ist $= \frac{hr}{2(h-r)}$ und $y = \frac{h(h-2r)}{2(h-r)}$. Aus diesen Werthen von x und y folgt nun, daß nicht aus jedem Kegel ein Cylinder, wie er verlangt wird, geschnitten werden kann, sondern daß $h > 2r$ sein muß. Ist aber $h = 2r$, so wird $y = 0$ und $x = r$, so daß der gesuchte Cylinder auf die doppelte Kegelbasis zusammenschrumpft, die folglich größer ist als die Oberfläche jedes diesem Kegel eingeschriebenen Cylinders.

Drittes Kapitel*).

Nachdem wir bisher eine Reihe specieller Probleme behandelt haben, deren Auflösung sich ohne Anwendung besonderer Mittel fast unmittelbar ergab, gehen wir jetzt zu einer allgemeinen Methode

*) Die Verfasser hielten es für zweckmäßig, diese allgemeinen Betrachtungen dem vorliegenden Kapitel vorauszuschicken. Etwaige Schwierigkeiten, die in denselben besonders für den Anfänger noch bleiben könnten, möchten am leichtesten durch die folgenden Aufgaben selbst beseitigt werden.

über, mittelst welcher sich die Maxima und Minima ganz beliebiger Funktionen auffinden lassen.

Wenn eine Funktion $M(x)$ zwischen den Werthen der unabhängig Veränderlichen $x = x_0$ und $x = x_1$ einen größten oder kleinsten Werth annimmt, und x von x_0 bis x_1 sich stetig verändert, so steigt im ersteren Falle die Funktion von $M(x_0)$ bis zu ihrem Maximum $M(x_2)$ auf und sinkt dann wieder bis zu $M(x_1)$ hinab, indem sie von einem gewissen Punkte an die sämmtlichen durchlaufenen Werthe noch einmal und zwar in umgekehrter Aufeinanderfolge annimmt. Es ist aber dabei durchaus nicht nothwendig, daß die gegebene Funktion etwa symmetrisch zu ihrem größten Werthe sei, oder daß, wenn man hat $M(x) = M(x')$, sich immer ergebe:

$$x_2 - x = x' - x_2$$

sondern jene Eigenschaft findet ganz allgemein bei beliebigen Funktionen Statt. Ganz dasselbe nun gilt mutatis mutandis für den Fall eines Minimum. In der Nähe ihrer Maximal- und Minimal-Punkte also erhält jede Funktion paarweis gleiche Werthe, die jene besonderen Werthe zwischen sich einschließen. Je weniger ferner zwei paarweis gleiche Werthe einer Funktion von den ausgezeichneten größten oder kleinsten Werthen derselben verschieden sind, um so enger schließen sie dieselben ein, d. h. um so kleiner wird die Differenz ihrer beiden entsprechenden x. An der Grenze also, wenn jenes Werthpaar entweder gleich dem Maximum oder dem Minimum wird, verschwindet diese Differenz der x völlig, d. h. fallen die beiden gleichen Werthe in den einen ausgezeichneten zusammen.

Hat man hingegen bei einer graphischen Darstellung die Funktion in Gestalt einer Curve:

$$y = M(x),$$

so schneidet in der Nähe ihrer höchsten und niedrigsten Punkte eine zur x-Axe gezogene Parallele die Curve in zwei Punkten, welche um so mehr zusammenrücken, je mehr sich die Sehne den ersteren Punkten nähert, und schließlich, im Maximum oder Minimum selbst, zusammenfallen. Aus diesen Eigenschaften nun folgt unmittelbar die Methode, die wir zur Aufsuchung dieser ausgezeichneten Werthe einer Funktion anwenden müssen.

Ist nämlich x irgend ein Werth der unabhängig Veränderlichen, in der Nähe des dem Maximum entsprechenden, so giebt es nach den obigen Betrachtungen immer ein x_1, für welches

$$M(x) = M(x_1) \text{ oder}$$

$$M(x) - M(x_1) = 0.$$

wird. Ordnet man diese Gleichung, indem man die entsprechenden Glieder mit x und x_1 zusammenstellt, so läßt sich aus jedem so erhaltenen Gliederpaare, das sich stets als Differenz derselben Ausdrücke mit x und x_1 darstellt, der Faktor $x-x_1$ absondern, wenigstens wenn man annimmt, daß derselbe unendlich klein sei, eine Annahme, die aber bei der willkürlichen Wahl von x immer erlaubt ist. Durch welche einfache Mittel übrigens man diese Absonderung ausführen kann, wenn die betrachteten Glieder Potenzen oder Wurzelgrößen oder trigonometrische Funktionen der unabhängig Veränderlichen enthalten, wird bei den einzelnen Aufgaben selbst gezeigt werden. Nachdem man ferner den Faktor $x-x_1$ oder eine Potenz desselben fortgehoben, setze man, um den dem Maximum oder Minimum entsprechenden Werth von x zu finden, $x = x_1$, eine Substitution die jetzt erst zu einem Resultate führt, weil sonst der in allen Gliedern enthaltene Faktor $x-x_1$ auf 0 reducirt wäre und wir folglich die identische Gleichung

$$0 = 0$$

erhalten hätten. Hat man indessen nach Fortheben von $x-x_1$, $x = x_1$ gesetzt, so erhält man eine Gleichung mit der einzigen Unbekannten x, aus welcher x zu berechnen ist. Der gefundene Werth von x ist dann die Abscisse des gesuchten Maximum oder Minimum, da das entsprechende M(x) in der That die charakteristischen Eigenschaften jener ausgezeichneten Werthe besitzt.

Da diese unsere Methode sich aber auf Eigenschaften gründet, welche den größten und kleinsten Werthen unterschiedslos zukommen, so können wir in ihr kein Mittel finden, welches uns unterscheiden lehrt, welche der gefundenen x einem Maximum und welche einem Minimum entsprechen. Die Entscheidung dieser Frage ist entweder aus der besondern Gestalt der gegebenen Funktion, oder aus dem besonderen Gegenstande der behandelten Aufgabe zu schöpfen, wie wir dies in den folgenden Untersuchungen durchführen werden. Im

Uebrigen hätte man sich auch in den vorhergehenden Aufgaben immer a priori von der Existenz entweder des Maximum oder des Minimum überzeugen können, was wir indessen unterließen, da die gegebenen Auflösungen selbst uns darüber stets den nöthigen Aufschluß gaben.

§. 1.

Geometrische Aufgaben.

17. In einen gegebenen geraden Kegel ABC soll ein Cylinder EFHG (Fig. 9) beschrieben werden, dessen Basis auf der Basis des Kegels liegt, und welcher von allen Cylindern, die diese Bedingungen erfüllen, den größten Rauminhalt hat.

Zunächst leuchtet die Existenz des gesuchten Maximum leicht ein. Ist nämlich $DF = x = 0$, so ist auch das Volumen des dadurch bestimmten eingeschriebenen Cylinders $= 0$. Wächst nun x, so wächst anfänglich auch jenes Volumen. Da aber, wenn $x = DC$ geworden ist, dasselbe wieder verschwindet, so muß wegen der stetigen Veränderung des Cylindervolumens dasselbe, von irgend einem Werthe von x zwischen 0 und DC an, wieder kleiner werden, um sich für $x = DC$ wieder auf 0 reduciren zu können. Es muß also wenigstens ein größtes Volumen oder ein Maximum der Funktion $M(x)$, welche das Volumen darstellt, existiren.

Um nun zunächst diese Funktion $M(x)$ zu bestimmen, sei EFGH zuerst irgend einer der dem Kegel eingeschriebenen Cylinder. Man setze ferner $HF = y$, $BD = h$ und $DC = r$. Man hat nach diesen Bezeichnungen immer die Relation:

$$(1) \qquad y = \frac{h(r-x)}{r},$$

während der Inhalt des Cylinders durch die Gleichung gegeben ist:

$$M(x) = \pi x^2 y.$$

Eliminirt man aber y mit Hülfe von (1), so ergiebt sich

$$(2) \qquad M(x) = \pi h x^2 - \frac{\pi h x^3}{r}.$$

In dieser Gleichung nun soll x so bestimmt werden, daß die Funktion $M(x)$ ihre ausgezeichneten Werthe annimmt.

Da wir uns schon oben von der Existenz wenigstens eines Maximum überzeugt haben, so giebt es stets noch einen zweiten Cylinder, der dasselbe Volumen wie jener willkürlich angenommene **EFGH** hat und der auf der andern Seite jenes Maximum liegt. Bezeichnet man nun das diesem entsprechende x mit x_1, so hat man:

$$M(x) = M(x_1)$$

oder nach der Gleichung (2)

$$\pi h x^2 - \frac{\pi h x^3}{r} = \pi h x_1^2 - \pi h \frac{x_1^3}{r}, \quad \text{oder}$$

$$x^2 - \frac{x^3}{r} = x_1^2 - \frac{x_1^3}{r}.$$

Bringt man diese Gleichung auf 0 und ordnet die entsprechenden Glieder paarweis zusammen, so findet man

$$x^2 - x_1^2 - \frac{1}{r}\{x^3 - x_1^3\} = 0.$$

Sondert man aber nach einer bekannten Formel den Faktor $x - x_1$ ab, so erhält man:

$$(x - x_1)\left\{(x + x_1) - \frac{1}{r}(x^2 + x \, . \, x_1 + x_1^2)\right\} = 0.$$

Obgleich nun diese Gleichung erfüllt wird, wenn irgend einer der beiden Factoren, welche die linke Seite zusammensetzen, verschwindet, so giebt doch der erstere derselben

$$x - x_1 = 0$$

gesetzt, kein wesentliches Resultat, da er für alle Werthe von x nur auf den ursprünglich angenommenen Cylinder **EFGH** wieder zurückführt. Wir können also mit $x - x_1$ heben und für alle Paare von gleichen Cylindern die Gleichung ansetzen:

$$(3) \quad x + x_1 - \frac{1}{r}(x^2 + x \, . \, x_1 + x_1^2) = 0.$$

Für ein größtes oder kleinstes Cylinderpaar aber, das nach den einleitenden Betrachtungen immer in einen Cylinder zusammenfällt, wird $x = x_1$. Setzt man also in (3) $x = x_1$, so findet man

$$(4) \quad 2x = \frac{3x^2}{r} \quad \text{oder}$$

$$x = \tfrac{2}{3} \cdot r.$$

Der so gefundene Werth von x muß also dem einen Maximum entsprechen, von dessen Existenz wir uns von vorn herein überzeugt haben. Andere ausgezeichnete, entweder minimis oder auch andern maximis entsprechende x giebt es also nicht, wenn man von dem Werthe

$$x = 0$$

absieht, der allerdings die obige Gleichung (4) befriedigt und der den von vorn herein bekannten kleinsten Werth

$$M = 0$$

liefert. Das gesuchte x ist mithin gleich $\frac{2}{3}r$. Das zugehörige

$$y = \frac{1}{3}h$$

und folglich das Volumen des größten Cylinders

$$M = \frac{4\pi hr^2}{27}$$

gleich $\frac{4}{9}$ vom Volumen des gegebenen Kegels.

Im Uebrigen hätte man die Gleichung (3) auch dazu benutzen können, die paarweis gleichen eingeschriebenen Cylinder aufzusuchen. Wäre nämlich irgend einer dieser Cylinder oder sein zugehöriges x gegeben, so kann man offenbar aus (3) dasjenige x_1 finden, welches den dem ersteren gleichen Cylinder bestimmt. Analog kann man auch in sämmtlichen folgenden Aufgaben die paarweis gleichen Funktionen auffinden.

18. Es ist ein gerader Kegel zu konstruiren, dessen Mantel eine bestimmte gegebene Größe $= k^2$ haben, und dessen Volumen so groß als möglich sein soll.

Von der wirklichen Existenz eines Maximum überzeugt man sich zunächst leicht. Denkt man sich nämlich einen Kreis, dessen Oberfläche $= k^2$ ist, so kann man denselben als Kegel auffassen, dessen Höhe und also auch Volumen zwar 0 ist, dessen Mantel aber die verlangte Größe hat. Wächst nun die Höhe, so wächst auch das Volumen, bis sich für $h = \infty$ die Basis auf 0 und folglich, wie man sich leicht überzeugt, das Volumen auf $\frac{k^4}{3\pi\infty}$, d. h. wieder auf 0 reducirt. Es muß also dasselbe zwischen $h = 0$ und $h = \infty$ wenigstens einen größten Werth haben. Die Seite irgend eines der gesuchten Kegel nun mit einem Mantel $= k^2$ sei $= s$, seine Höhe $= h$, der Radius des Grundkreises $= x$.

Man hat alsdann zunächst das gesuchte Volumen M als Funktion von x darzustellen. Nach der gegebenen Bedingung aber hat man:

$$\pi xs = k^2.$$

Ferner ist

$$s = \sqrt{x^2+h^2}$$

und der gesuchte Rauminhalt:

$$M = \tfrac{1}{3}\pi x^2 h.$$

Aus den beiden ersten Gleichungen aber folgt:

$$h^2 = \frac{k^4-\pi^2 x^4}{\pi^2 x^2}, \quad \text{also}$$

$$M = \tfrac{1}{3}\sqrt{k^4 x^2-\pi^2 x^6}.$$

Diese Funktion wird aber ein Maximum oder Minimum, wenn es $k^4 x^2-\pi^2 x^6$ wird. Man setze also:

$$k^4 x^2-\pi^2 x^6 = k^4 x_1^2-\pi^2 x_1^6 \quad \text{oder}$$

$$k^4(x^2-x_1^2)-\pi^2(x^6-x_1^6) = 0,$$

$$(x^2-x_1^2)\{k^4-\pi^2(x^4+x^2x_1^2+x_1^4)\} = 0.$$

Wir sind nun in unserem Falle berechtigt sofort mit $x^2-x_1^2$ fortzuheben, weil die dadurch fortgefallene Auflösung $x=0$ also $h=\infty$ nur den oben betrachteten Grenzcylinder giebt, dessen Volumen $=0$ ist. Man hat also:

$$k^4-\pi^2(x^4+x^2x_1^2+x_1^4) = 0.$$

Für das Maximum aber wird $x = x_1$, mithin:

$$k^4 = 3\pi^2 x^4, \quad \text{oder}$$

$$x = \frac{k}{\sqrt[4]{3\pi^2}}, \quad h = \frac{k\sqrt{2}}{\sqrt[4]{3\pi^2}} \quad \text{und}$$

$$s = \frac{k\sqrt{3}}{\sqrt[4]{3\pi^2}}.$$

Aus diesen Werthen folgt auch leicht die Proportion:

$$x^2 : h^2 : s^2 = 1:2:3.$$

Die Aufgabe ein kegelförmiges Flüssigkeitsmaß zu konstruiren, dessen Volumen ein gegebenes ist, und dessen Oberfläche so klein wie möglich sein soll, damit ein möglichst kleiner Theil der zu messenden Flüssigkeit verloren gehe, wird leicht auf ganz ähnliche Weise gelöst. Man findet die Oberfläche M, wenn I der gegebene Inhalt ist, und man die Bezeichnungen der vorigen Aufgabe beibehält, durch die Gleichung:

$$M = \pi\sqrt{x^4+\frac{9I^2}{\pi^2 x^2}},$$

Diese Function wird aber ein Minimum, wenn es $x^4 + \frac{9I^2}{\pi^2 x^2}$ wird. Man setze also

$$x^4 - x_1^4 + \frac{9I^2}{\pi^2 x^2} - \frac{9I^2}{\pi^2 x_1^2} = 0$$

oder, wenn man die beiden Brüche auf einen Nenner bringt und $x^2 - x_1^2$ absondert:

$$(x^2 - x_1^2)\left\{(x^2 + x_1^2) - \frac{9I^2}{\pi^2 x^2 x_1^2}\right\} = 0.$$

Also auch

$$x^2 + x_1^2 = \frac{9I^2}{\pi^2 x^2 x_1^2}.$$

Setzt man aber $x = x_1$, so ergiebt sich

$$2x^6 = \frac{9I^2}{\pi^2} \quad \text{oder} \quad x = \sqrt[3]{\frac{3I}{\pi\sqrt{2}}}$$

$$\text{und} \quad h = \sqrt[3]{\frac{6I}{\pi}} \quad \text{also} \quad h = x\sqrt{2}.$$

Daß aber das gefundene x und h in der That einem kleinsten Werthe entspreche, wird ganz ähnlich, wie in der vorhergehenden Aufgabe gezeigt.

19. Es soll aus einem gegebenen Kreise vom Radius r ein Sektor ACB (Fig. 10) so ausgeschnitten werden, daß, wenn der Rest zu einem Kegelmantel zusammengebogen ist, der Inhalt dieses Kegels so groß als möglich werde.

Die Existenz eines solchen Maximum ist von vorn herein einleuchtend. Wird nun der Sektor ACB herausgeschnitten und der überstumpfe Winkel ACB mit $2\pi x$ bezeichnet, so wird der Rest der Kreisperipherie $= 2\pi r x$. Derselbe soll aber der Umfang der Kegelgrundfläche sein. Bezeichnet man also den Radius derselben mit ϱ, so ergiebt sich

$$(1) \quad \varrho = rx.$$

Da ferner die Seite des Kegels, dessen Höhe $= h$ sein mag, so groß wie der Radius r des gegebenen Kreises sein muß, so hat man

$$r^2 = \varrho^2 + h^2 \quad \text{oder}$$

$$(2) \quad h = \sqrt{r^2 - \varrho^2}.$$

Nun ist aber der Inhalt des Kegels

$$M = \frac{1}{3}\pi\varrho^2 h.$$

Also hat man nach (1) und (2)

$$M = \frac{1}{3}\pi r^3 \sqrt{x^4 - x^6}.$$

Diese Funktion wird nun zugleich mit $x^4 - x^6$ ein Maximum. Man setzt also nach der bekannten Methode:

$$x^4 - x_1^4 - (x^6 - x_1^6) = 0 \quad \text{oder}$$

$$(x^2 - x_1^2)\{x^2 + x_1^2 - (x^4 + x^2 x_1^2 + x_1^4)\} = 0.$$

Also auch:

$$x^2 + x_1^2 - (x^4 + x^2 x_1^2 + x_1^4) = 0.$$

Mithin, wenn man $x = x_1$ setzt:

$$x = \sqrt{\tfrac{2}{3}},$$

die einzige Lösung, welche von Wichtigkeit ist.

Somit ist die Länge des auszuschneidenden Bogens AB

$$AB = 2\pi r(1 - \sqrt{\tfrac{2}{3}})$$

und der Winkel ACB $= 66^0,06144$.

Ferner wird:

$$\varrho = r\sqrt{\tfrac{2}{3}} \quad \text{und} \quad h = r\sqrt{\tfrac{1}{3}}.$$

Für den Winkel α aber, den die Axe des Kegels mit den Seiten desselben bildet, erhält man:

$$\operatorname{tg}\alpha = \frac{\varrho}{h} = \sqrt{2} \quad \text{und daraus}$$

$$\alpha = 54^0\ 44'\ 8'',2.$$

20. Das Problem, das zweckmäßigste cylindrische Flüssigkeitsmaß zu finden, auf dessen Oberfläche so wenig als möglich von der zu messenden Flüssigkeit haften bleibt, wird leicht auf die rein geometrische Aufgabe zurückgeführt, einen Cylinder zu konstruiren, der ein gegebenes Volumen hat, und dessen Mantel und Grundkreis zusammengenommen ein Minimum werden.

Ist r der Radius, h die Höhe und I der gegebene Inhalt des gesuchten Cylinders, so hat man erstens:

$$I = \pi h x^2.$$

Die Summe des Mantels und des Grundkreises aber ist:

$$M = 2\pi x h + x^2\pi.$$

Eliminirt man also h mit Hülfe der ersten Gleichung, so findet man:

$$M = \frac{2I}{x} + x^2\pi.$$

Man setze daher:

$$\frac{2I}{x} + x^2\pi = \frac{2I}{x_1} + x_1^2\pi \quad \text{oder}$$

$$2I\left\{\frac{1}{x} - \frac{1}{x_1}\right\} + \pi(x^2 - x_1^2) = 0;$$

folglich, wenn man die erste Differenz auf einen Nenner bringt:

$$2I\left\{\frac{x_1 - x}{xx_1}\right\} + \pi(x - x_1)(x + x_1) = 0.$$

Dividirt man diese Gleichung mit $x - x_1$ und setzt dann $x = x_1$, so ergiebt sich:

$$\frac{I}{x^2} = \pi x \quad \text{oder}$$

$$x = \sqrt[3]{\frac{I}{\pi}}.$$

Dieser Werth von x ist aber offenbar der dem Minimum von M entsprechende. Ganz ähnlich wird die folgende Aufgabe behandelt.

21. Welche Form müssen cylindrische Münzen vom Volumen I haben, damit sie so wenig wie möglich abgenutzt werden. Man hat also einen Cylinder von der Höhe h, einem Grundkreise x und einem gegebenen Inhalte I so zu bestimmen, daß seine Gesammtoberfläche M so klein als möglich werde.

Es ergiebt sich nach diesen Bezeichnungen:

$$I = \pi h x^2 \quad \text{und}$$

$$M = 2\pi x h + 2x^2\pi \quad \text{daher}$$

$$M = \frac{2I}{x} + 2x^2\pi.$$

Man setze nun

$$I\left\{\frac{x_1 - x}{x . x_1}\right\} + \pi(x^2 - x_1^2) = 0;$$

folglich, wenn man mit $x - x_1$ dividirt und dann $x = x_1$ setzt

$$x = \sqrt[3]{\frac{I}{2\pi}} \quad \text{und}$$

$$2x = \sqrt[3]{\frac{4I}{\pi}} = h,$$

d. h. die Höhe der Münze muß gleich dem Durchmesser ihrer Basis sein.

22. Wie verhält sich eine Kugel zum größten Kegel, zum größten Cylinder und zum größten quadratischen Prisma, das aus ihr geschnitten werden kann?

1) Das Verhältniß der Kugel zum größten ausgeschnittenen geraden Kegel.

Der Kreis mit dem Mittelpunkte M (Fig. 12) sei ein größter Kreis der gegebenen Kugel, und ABC ein Durchschnitt des Kegels mit der Kreisebene. Der Radius der Kugel sei $= r$, der der Kegelbasis $= \varrho$. Die Entfernung des Kugelmittelpunktes von der Kegelbasis $= x$. Man findet demnach für den kubischen Inhalt eines eingeschriebenen Kegels

$$M = \tfrac{1}{3}\pi(r^2 - x^2)(r + x).$$

Da diese Funktion ein Maximum werden soll, und auch, wie man sich leicht überzeugt, in der That ein solches hat, so setze man nach der bekannten Methode:

$$(r^2 - x^2)(r + x) = (r^2 - x_1^2)(r + x_1) \quad \text{oder}$$
$$r^2(x - x_1) - r(x^2 - x_1^2) - (x^3 - x_1^3) = 0.$$

Hebt man aber mit $x - x_1$ und setzt alsdann $x = x_1$, so ergiebt sich als einziger Werth von x, der eine geometrische Bedeutung hat,

$$x = \tfrac{1}{3}r; \quad \varrho^2 = \tfrac{8}{9}r^2 \quad \text{und die Höhe des Kegels } h = \tfrac{4}{3}r.$$

Daraus ergiebt sich denn das gesuchte Verhältniß $= \frac{27}{8}$.

2) Das Verhältniß der Kugel zum größten ausgeschnittenen Cylinder.

M (Fig. 13) sei wiederum der Mittelpunkt der gegebenen Kugel, deren Radius $= r$ ist. y sei die halbe Höhe des Cylinders und x der Radius seines Grundkreises.

Man findet nach dieser Bezeichnung den Inhalt des halben Cylinders

$$M = \pi(r^2 - y^2)y.$$

Hieraus folgt aber nach der gewöhnlichen Methode für das größte M

$$x = r\sqrt{\tfrac{2}{3}} \quad \text{und} \quad y = r\sqrt{\tfrac{1}{3}}.$$

Das gesuchte Verhältniß ist demnach $= \sqrt{3}$.

3) Das Verhältniß der Kugel zum größten ausgeschnittenen quadratischen Prisma.

Es sei ABCD (Fig. 13) ein ebener Schnitt, der durch zwei Diagonalen des eingeschriebenen Prisma gelegt ist und zur quadratischen Grundfläche senkrecht steht. x sei die halbe Diagonale der letzteren und y die halbe Höhe des Prisma. Wir erhalten nach diesen Bezeichnungen als den Inhalt desselben

$$M = 4(r^2 - y^2)y$$

also wie bei dem soeben untersuchten Cylinder:

$$y = r\sqrt{\tfrac{1}{3}} \quad \text{und} \quad x = \sqrt{\tfrac{2}{3}} \cdot r.$$

Das gesuchte Verhältniß aber ist $= \frac{\pi\sqrt{3}}{2}$.

Soll ferner nicht das Volumen der eingeschriebenen Körper, sondern ihre Gesammtoberfläche ein Maximum werden, so wird man ebenfalls auf Gleichungen geführt, deren Behandlung keine besonderen Schwierigkeiten bietet. Wir unterlassen deshalb eine speciellere Behandlung dieser Aufgaben.

23. Um eine gegebene Kugel vom Radius r soll ein Kegel so beschrieben werden, daß

1) sein Inhalt,
2) sein Mantel,
3) seine Oberfläche,

so klein wie möglich werde.

Von der Existenz der sämmtlichen Minima, um welche es sich hier handelt, überzeugt man sich zunächst ohne alle Schwierigkeit.

Es sei ABC (Fig. 14) ein ebener Schnitt durch die Axe AE des umschriebenen Kegels und folglich auch durch den Mittelpunkt D der gegebenen Kugel. Setzt man BE = x, AE = y und AF = u, so erhält man

$$(1) \qquad r:u = x:y.$$

Ferner ist:

$$(2) \qquad y^2 = u(u+2x).$$

Folglich, wenn man aus (1) und (2) u eliminirt:

$$(3) \qquad y = \frac{2rx^2}{x^2 - r^2}.$$

1) Man hat demnach für den Inhalt M des der Kugel umschriebenen Kegels:

$$M = \frac{2}{3}\pi r \cdot \frac{x^4}{x^2 - r^2}$$

oder, wenn man mit x^4 die rechte Seite hebt:

$$M = \frac{2}{3}\pi . r \frac{1}{\frac{1}{x^2} - \frac{r^2}{x^4}}.$$

Damit nun M ein Minimum werde, muß $\frac{1}{x^2} - \frac{r^2}{x^4}$ ein Maximum werden. Nach der bekannten Methode muß dann:

$$x = r\sqrt{2} \quad \text{und} \quad y = 4r \quad \text{sein,}$$

so daß also die Höhe des gesuchten Cylinders gleich dem doppelten Durchmesser der umhüllten Kugel ist.

2) Für den Mantel des Kegels erhält man nach den obigen Bezeichnungen:

$$M = \pi \cdot x^2 \cdot \frac{x^2 + r^2}{x^2 - r^2}.$$

Man setze also:

$$x^2 \frac{x^2 + r^2}{x^2 - r^2} = x_1^2 \frac{x_1^2 + r^2}{x_1^2 - r^2} \quad \text{oder:}$$

$$x^2(x^2 + r^2)(x_1^2 - r^2) - x_1^2(x_1^2 + r^2)(x^2 - r^2) = 0.$$

Löst man ferner die Klammern auf, so erhält man:

$$x^4 x_1^2 - x_1^4 x^2 - r^2(x^4 - x_1^4) - r^4(x^2 - x_1^2) = 0 \quad \text{oder}$$

$$x^2 x_1^2 (x^2 - x_1^2) - r^2(x^2 - x_1^2)(x^2 + x_1^2) - r^4(x^2 - x_1^2) = 0.$$

Dividirt man diese Gleichung mit $x^2 - x_1^2$ und setzt dann $x = x_1$, so ergiebt sich:

$$x^4 - 2r^2x^2 - r^4 = 0 \quad \text{oder}$$

$$x = r\sqrt{1 + \sqrt{2}}.$$

3) Für die Gesammtoberfläche des umhüllenden Kegels findet man endlich:

$$M = 2\pi \cdot \frac{x^4}{x^2 - r^2}.$$

Der von x abhängige Theil ist aber ganz derselbe, wie in Nr. 1, folglich erhält man ganz denselben Kegel wie in Nr. 1 und wiederum ist:

$$x = r\sqrt{2}.$$

Derselbe umhüllende Kegel also, der das größte Volumen hat, besitzt auch zugleich die größte Gesammtoberfläche. Man könnte dies Resultat auch leicht synthetisch beweisen. Faßt man nämlich den Kegel als eine Pyramide auf, deren Basis ein Polygon von unendlich vielen Seiten ist, so besteht sein Mantel aus unendlich vielen unendlich kleinen Dreiecken. Betrachten wird dieselben aber als Basen von Tetraëdern, deren gemeinschaftliche Spitze der Mittelpunkt der umhüllten Kugel ist, so können wir das Volumen des zu untersuchenden Kegels als Summe dieser Tetraëder auffassen, wenn wir noch den Kegel hinzufügen, dessen Spitze ebenfalls im Mittelpunkte der Kugel liegt, und dessen Basis die Basis des ursprünglichen Kegels ist. Nun aber haben sämmtliche Volumenelemente dieselbe Höhe r. Sondern wir also den gemeinschaftlichen Faktor $\frac{1}{3}$r ab, so bleibt als zweiter Faktor die Basensumme sämmtlicher den Kegel zusammensetzenden Körper, dieselbe aber ist nichts als eben die Gesammtoberfläche des Kegels. Es ist also das

$$\text{Volumen} = \tfrac{1}{3}\cdot r \text{ Gesammtoberfläche.}$$

Da nun r konstant ist, so hat derjenige Kegel zugleich das größte Volumen, der die größte Gesammtoberfläche hat.

24. Es sei ein Flüssigkeitsmaß von der Form eines abgestumpften Kegels so zu konstruiren, daß bei gegebener Neigung α der Seiten zur Grundfläche und bei gegebenem Inhalte $= I$, seine Oberfläche so klein als möglich werde.

Der Radius des Grundkreises MA (Fig. 15) sei gleich x, der des oberen Grenzkreises $M'B = \varrho$, die Höhe des Gefäßes $M'M = y$ und die Seite $AB = s$. Man hat nach dieser Bezeichnung:

$$\varrho = x - y\cot\alpha,$$

$$s = \frac{y}{\sin\alpha}$$

also, da $I = \frac{1}{3}\pi y \frac{x^3 - \varrho^3}{x - \varrho}$ ist:

$$(1) \quad I = \tfrac{1}{3}\pi \operatorname{tg}\alpha \{x^3 - (x - y\cot\alpha)^3\}.$$

Die Oberfläche M des zu suchenden Maßes nun besteht aus der kreisförmigen Basis $= \pi x^2$ und dem Mantel eines abgestumpften Kegels. Man findet demnach:

$$M = \pi x^2 + \frac{2\pi xy}{\sin\alpha} - \frac{\pi y^2 \cot\alpha}{\sin\alpha}.$$

Oder wenn man, nach Division mit π, $\frac{x^2}{\cos\alpha}$ auf der rechten Seite addirt und subtrahirt:

$$\frac{M\cos\alpha}{\pi} = 2x^2\cos^2\tfrac{1}{2}\alpha - (x - y\cot\alpha)^2.$$

Nun folgt aber aus (1)

$$(2) \quad x - y\cot\alpha = \left(x^3 - \frac{3I}{\pi\operatorname{tg}\alpha}\right)^{\frac{1}{3}},$$

also, wenn man diesen Werth in die Gleichung für M einsetzt:

$$\frac{M\cos\alpha}{\pi} = 2x^2\cos^2\tfrac{1}{2}\alpha - \left\{x^3 - \frac{3I}{\pi\operatorname{tg}\alpha}\right\}^{\frac{2}{3}}.$$

Es soll nun x so bestimmt werden, daß M ein Minimum wird. Nachdem man der Abkürzung halber noch a für $2\cos^2\frac{1}{2}\alpha$ und b für $\frac{3I}{\pi\operatorname{tg}\alpha}$ substituirt hat, setze man also nach der bekannten Methode:

$$ax^2 - (x^3 - b)^{\frac{2}{3}} = ax_1^2 - (x_1^3 - b)^{\frac{2}{3}} \quad \text{oder}$$
$$a(x^2 - x_1^2) - \{(x^3 - b)^{\frac{2}{3}} - (x_1^3 - b)^{\frac{2}{3}}\} = 0.$$

Um aus der Differenz der hier auftretenden Wurzelgrößen den Faktor $x - x_1$ absondern zu können, erweitere man dieselbe mit $\sqrt[3]{(x^3-b)^4} + \sqrt[3]{(x^3-b)^2(x_1^3-b)^2} + \sqrt[3]{(x_1^3-b)^4}$.

Da nämlich nach einer bekannten Formel, deren Herleitung auch durchaus keine Schwierigkeiten darbietet:

$$\sqrt[3]{p^2} - \sqrt[3]{q^2} = \frac{p^2 - q^2}{\sqrt[3]{p^4} + \sqrt[3]{p^2q^2} + \sqrt[3]{q^4}}$$

ist, so erhält man nach dieser Operation:

$$a(x^2 - x_1^2) - \frac{(x^3-b)^2 - (x_1^3-b)^2}{(x^3-b)^{\frac{4}{3}} + (x^3-b)^{\frac{2}{3}}(x_1^3-b)^{\frac{2}{3}} + (x_1^3-b)^{\frac{4}{3}}} = 0.$$

Hebt man aber mit $x - x_1$ und setzt alsdann $x = x_1$, so ergiebt sich:

$$ax(x^3 - b)\sqrt[3]{(x^3 - b)} = x^2(x^3 - b).$$

Diese Gleichung wird nun erfüllt, wenn man:

$$x = 0 \quad \text{oder auch:}$$

$$x^3 - b = 0 \quad \text{oder endlich:}$$

$$a\sqrt[3]{x^3 - b} = x \quad \text{setzt.}$$

Die erste Wurzel entspricht aber keinem abgestumpften, sondern einem gewöhnlichen Kegel. Ebenso die Wurzel

$$x = \sqrt[3]{b} = \sqrt[3]{\frac{I}{\pi \operatorname{tg} \alpha}}.$$

Denn man erhielte aus der Gleichung (2):

$$\varrho = x - y \cot \alpha = 0.$$

Es ist also die dritte Lösung allein die entsprechende, d. h.

$$x = \sqrt[3]{\frac{ba^3}{a^3 - 1}}$$

oder, wenn man für a und b wieder ihre ursprünglichen Werthe substituirt:

$$x = \sqrt[3]{\frac{12 I \cos^4 \frac{1}{2}\alpha}{\pi \operatorname{tg} \frac{1}{2}\alpha (1 + 2\cos^2 \frac{1}{2}\alpha + 4\cos^4 \frac{1}{2}\alpha)}}.$$

Hat man nun x gefunden, so erhält man auch y durch eine einfache geometrische Construktion. Halbirt man nämlich den Winkel $MAB = \alpha$ und verlängert die Halbirungslinie, bis sie das Loth MM' im Punkte C schneidet, so ist CM das gesuchte y.

Daß endlich das gefundene x einem Minimum entspreche, ist klar. Für $x = \infty$ wird nämlich auch $M = \infty$. Wird aber x kleiner, so sinkt M, bis x jenen einzigen ausgezeichneten Werth erreicht. Da es also, wenn x noch kleiner wird, wieder steigen muß, so ist in der That ein Minimum von M gefunden. Im Uebrigen entspricht die vorliegende Aufgabe ganz jener in Nr. 20 gelösten, die nur als besonderer Fall der vorliegenden ($\alpha = 90^0$) zu betrachten ist.

25. Aus einem gegebenen geraden Kegel, dessen Seite $= s$ ist, soll die Parabel geschnitten werden, deren Oberfläche DEF (Fig. 11) so groß als möglich ist.

Von der Möglichkeit der Aufgabe oder von der Existenz wenigstens eines Maximum überzeugt man sich zunächst leicht.

Setzt man alsdann den Winkel $ACB = 2\alpha$ und die Strecke von C bis zum Scheitel der Parabel $D = x$, so kann man stets eine Relation zwischen $DM = \xi$ und $ME = \eta$, d. h. die Gleichung der Parabel aufstellen.

Man erhält nämlich:

$$l = MA = DD' = x \sin \alpha.$$

Also, wenn man den Radius des Grundkreises QA mit r bezeichnet:

$$QM = r - 2x \sin \alpha.$$

Folglich:

$$\eta^2 = 4rx \sin \alpha - 4x^2 \sin^2 \alpha.$$

Nun ist aber:

$$r = s \sin \alpha.$$

Also

$$\eta^2 = 4sx \sin^2 \alpha + 4x^2 \sin^2 \alpha$$

$$= 4x(s-x) \sin \alpha^2 \quad \text{oder}$$

$$(1) \qquad \eta^2 = 4x\xi \sin \alpha^2.$$

Ferner hat man für die Oberfläche der Parabel M die bekannte Gleichung:

$$M = \tfrac{2}{3} \eta . \xi,$$

und diese Funktion ist nun so zu bestimmen, daß sie ein Maximum wird. Da aber $\xi = s - x$ ist, so folgt aus (1)

$$\eta = 2 \sin \alpha \sqrt{x(s-x)}.$$

Also erhält man für den Flächeninhalt der Parabel:

$$M = \tfrac{4}{3} \sin \alpha (s-x) \sqrt{x(s-x)}$$

$$= \tfrac{4}{3} \sin \alpha \sqrt{x(s-x)^3}.$$

Man hat mithin nur den größten Werth von $x(s-x)^3$ zu suchen. Substituirt man aber $s - x = u$, also $x = s - u$, so nimmt dieser Ausdruck die Form an:

$$u^3(s-u)$$

Setzt man aber $u^3(s-u) = u_1^3(s-u_1)$ u. s. w., so ergiebt sich

$$u = \tfrac{3}{4}s, \quad \text{also} \quad x = \tfrac{1}{4}s.$$

und das entsprechende:

$$M = \frac{s^2}{4} \sqrt{3} \sin \alpha.$$

26. Es soll eine Kugel so bestimmt werden, daß aus ihr ein Kugelausschnitt geschnitten werden kann, dessen Inhalt gleich dem Inhalte einer gegebenen Kugel ist, und dessen Gesammtoberfläche ein Maximum wird.

Der Radius der gegebenen Kugel sei $=\varrho$, der Radius der zu bestimmenden $=x$, und die Höhe des Kugelabschnitts $=h$. Man hat alsdann zwischen x und h die Bedingungsgleichung:

$$\tfrac{4}{3}\pi\varrho^3 = \tfrac{2}{3}\pi x^2 h \quad \text{oder}$$

$$h = \frac{2\varrho^3}{x^2}.$$

Da ferner die Oberfläche M des Kugelausschnittes aus einer Kugelkalotte und dem Mantel des zugehörigen Kegels besteht, so erhält man:

$$M = 2\pi x h + \pi x \sqrt{h(2x-h)},$$

oder, wenn man h mit Hülfe der obigen Gleichung eliminirt:

$$M = 2\pi\varrho^2 \left\{ \frac{2\varrho}{x} + \frac{\varrho}{x} \sqrt{\frac{x^3}{\varrho^3} - 1} \right\}.$$

Setzt man noch $\frac{\varrho}{x} = u$, so ist u so zu bestimmen, daß der Ausdruck:

$$2u + u\sqrt{u^3 - 1}$$

seine ausgezeichneten Werthe erhalte. Setzt man also:

$$2u + u\sqrt{\frac{1}{u^3} - 1} = 2u_1 + u_1\sqrt{\frac{1}{u_1^3} - 1} \quad \text{oder}$$

$$2(u-u_1) + u\sqrt{\frac{1}{u^3} - 1} - u_1\sqrt{\frac{1}{u_1^3} - 1} = 0$$

und sondert, nachdem man die Differenz der beiden Wurzeln mit ihrer Summe erweitert, den Faktor $u-u_1$ ab, so ergiebt sich:

$$2 = \frac{\frac{1}{uu_1} + (u+u_1)}{u\sqrt{\frac{1}{u^3} - 1} + u_1\sqrt{\frac{1}{u_1^3} - 1}},$$

also, wenn man $u = u_1$ setzt:

$$2 = \frac{2u^3 + 1}{2u^3\sqrt{\frac{1}{u^3} - 1}},$$

oder, wenn man die rechte Seite mit u^3 hebt:

$$4\sqrt{\frac{1}{u^3} - 1} = 3 + \frac{1}{u^3} - 1.$$

Substituirt man endlich $\frac{1}{u^3} - 1 = z$, so findet sich:

$$z^2 - 4z + 3 = 0 \quad \text{oder}$$
$$z = 3 \quad \text{und} \quad z = 1.$$

Dem entsprechend findet man für u die beiden Werthe:

$$u = \sqrt[3]{\tfrac{1}{10}} \qquad \text{und } u = \sqrt[3]{\tfrac{1}{2}},$$
$$\text{also} \quad x = \varrho\sqrt[3]{10} \qquad \text{und } x = \varrho\sqrt[3]{2}$$
$$\text{und} \quad h = \tfrac{1}{5}\varrho\sqrt[3]{10} \quad \text{und } h = \varrho\sqrt[3]{2}.$$

Für M erhält man demgemäß $\pi\varrho^2\sqrt[3]{100}$ und $\pi\varrho^2\sqrt[3]{108}$. Der durch $x = h = \varrho\sqrt[3]{2}$ bestimmte Kugelausschnitt ist eine Halbkugel vom Radius $\varrho\sqrt[3]{2}$, die in der That ebenso groß ist als die gegebene Kugel. Außer diesen beiden soeben aufgefundenen ausgezeichneten Werthen von x sind aber die Grenzwerthe der Funktion M selbst noch größte oder kleinste Werthe, ohne allerdings Maxima und Minima in dem Sinne zu sein, wie wir dieselben bisher definirten und wie wir sie durch unsere Methode auffinden können.

Betrachtet man nämlich den Ausdruck

$$M = 2u + u\sqrt{\frac{1}{u^3} - 1}$$

oder den identischen

$$M = 2u + \sqrt{\frac{1}{u} - u^2},$$

so sieht man, daß in demselben u nicht kleiner werden kann als 0. Für u = 0 wird aber die Wurzel und folglich

$$M = \infty.$$

Ebenso wird das entsprechende

$$x = \infty \quad \text{und} \quad h = 0.$$

Wird also aus einer unendlich großen Kugel ein Ausschnitt vom Volumen $\frac{4}{3}\pi\varrho^3$ genommen, so ist die Oberfläche desselben $= \infty$ und die Höhe der zugehörigen Calotte $= 0$. Der andere äußerste Grenzwerth, den u annehmen kann, ohne daß M imaginär wird, ist $u = 1$, also

$$x = \varrho \quad \text{und} \quad h = 2\varrho$$

und das zugehörige

$$M = 4\pi\varrho^2.$$

Dieser Werth ist nun der letzte und zugleich der kleinste, den M überhaupt annehmen kann, wie man sich leicht durch eine Vergleichung mit den obigen Werthen überzeugt. Der Kugelausschnitt aber reducirt sich auf die gegebene Kugel, deren Oberfläche also kleiner ist als die jedes gleich großen Kugelausschnittes. Aus noch kleineren Kugeln läßt sich natürlich kein Stück von der verlangten Größe mehr herausschneiden, so daß x nur zwischen $+\infty$ und ϱ variiren kann.

Nach diesen Betrachtungen nun kann man auch leicht entscheiden, ob die oben gefundenen Werthe von x Maximis oder Minimis entsprechen. Ist nämlich $x=\infty$, so wird auch $M=\infty$. Nimmt nun x ab, so fällt auch M, und der erste ausgezeichnete Werth von x, den diese Größe erreicht, d. h. $x=\varrho\sqrt[3]{10}$, gehört also einem Minimum jener Funktion an. Dieselbe muß folglich, wenn x noch kleiner wird, wieder steigen bis zum folgenden ausgezeichneten Werthe, d. h. bis $x=\varrho\sqrt[3]{2}$ wird. Für diesen Werth ist also M ein Maximum, und es sinkt von demselben an, bis x den äußersten Werth $x=\varrho$ annimmt, bei welchem die Curve:

$$M = 2u+u\sqrt{u^3-1}$$

plötzlich abbrechen, oder sich vielmehr mit ihrem zweiten Zweige vereinigen würde, den man erhält, wenn man das negative Vorzeichen der Quadratwurzel berücksichtigt, der aber in unserem Falle keine geometrische Bedeutung hat.

27. Ueber die Gestalt der Bienenzellen. Bekanntlich haben die Bienenzellen die Form eines geraden sechsseitigen Prisma, dessen Grundfläche ein regelmäßiges Sechseck bildet. Ist die Seite desselben $= a$, so kann man das sechsseitige Prisma in drei andere Prismen zerlegen, deren Basen Rhomben von derselben Seite a sind. Diese drei Prismen aber werden oben durch Ebenen geschlossen, die zur Basis nicht parallel sind, sondern eine bestimmte Neigung zu derselben haben. Es soll nun gezeigt werden, daß bei diesem Verschlusse der sechsseitigen Zellen die Oberfläche derselben kleiner wird, daß also zu ihrer Construktion weniger Wachs erforderlich ist, als dies bei einer parallelen Grenzebene der Fall sein würde, ohne daß dabei aber der räumliche Inhalt der Zelle ein anderer wird. Es sei A'C (Fig. 16) eines der drei die Zelle zusammensetzenden Prismen, dessen Basis der Rhombus ABCD ist. Ferner sei A'B'C'D' ein Schnitt des Prisma parallel zur Grundebene. A'A sei = b. Der Schnittpunkt der Diagonalen A'C' und B'D' heiße G. Man lege nun durch A'C' noch eine zweite Ebene die B'B in E und D'D in F schneiden mag, so daß also D'F = EB' = x ist.

Der Rhombus A'FC'E nun, der den wirklichen Verschluß des Prisma, wie er von den Bienen gemacht wird, darstellen mag, begrenzt offenbar das betrachtete rhombische Prisma so, daß sein Rauminhalt ungeändert derselbe bleibt wie bei dem Prisma A'C, da die Tetraëder FA'C'D' und EA'C'B' kongruent sind.

Hingegen ist die Oberfläche des Prisma eine andere geworden. Da es sich aber nur um ihre wirklich in Wachs ausgeführten Theile handelt, so hat man nur den Rhombus FE mit der Summe des Rhombus D'B' und der beiden Dreiecke A'B'E + B'EC' zu vergleichen. Eine einfache geometrische Betrachtung zeigt nun, daß, wenn man die Ebene B'A'D'C' um A'C' dreht, der Rhombus FE anfänglich kleiner wird als jene Summe, daß also ebenso die Oberfläche des Prisma bei dieser Drehung anfänglich kleiner wird, bis sie einen ausgezeichneten Werth erreicht, der mithin ein Minimum sein muß.

Um denselben aber aufzufinden, hat man zunächst die Oberfläche M der zu untersuchenden Zelle als Funktion von x darzustellen.

Es ist nun:

$$B'G = \tfrac{1}{2} BD = \tfrac{1}{2} a,$$

ferner

$$A'G = \tfrac{1}{2}\sqrt{3}\,.\,a \quad \text{und}$$

$$EG = \sqrt{x^2 + \tfrac{1}{4} a^2}.$$

Mithin ist der Rhombus

$$C'FA'E = a\sqrt{3}\sqrt{x^2 + \tfrac{1}{4} a^2}.$$

Ferner sind die Trapeze

$$AA'EB = CC'EB = ab - \tfrac{1}{2} ax.$$

Folglich ist die wirklich aus Wachs gebildete Oberfläche der Bienenzelle, die aus drei Prismen besteht, wie das betrachtete, mit Ausnahme der konstanten sechseckigen Basis

$$= 3\left\{a\sqrt{3}\sqrt{x^2 + \tfrac{1}{4} a^2} + 2ab - ax\right\} = M.$$

Diese Funktion M nun soll ein Minimum werden. Man setze also:

$$a\sqrt{3}\left\{\sqrt{x^2+\tfrac{1}{4}a^2}-\sqrt{x_1^2+\tfrac{1}{4}a^2}\right\} = a(x-x_1).$$

Erweitert man noch die Differenz der Wurzeln mit ihrer Summe, so ergiebt sich, nachdem man mit $x-x_1$ gehoben:

$$a\sqrt{3}\,\frac{x+x_1}{\sqrt{x^2+\tfrac{1}{4}a^2}+\sqrt{x_1^2+\tfrac{1}{4}a^2}} = a,$$

folglich, wenn man $x = x_1$ setzt:

$$\frac{x\sqrt{3}}{\sqrt{x^2+\tfrac{1}{4}a^2}} = 1, \quad \text{oder}$$

$$x = \frac{a}{2\sqrt{2}}.$$

Aus diesem Resultate folgt leicht, daß, wenn die Oberfläche der Bienenzelle ein Minimum sein soll,

$$A'E = 3B'E$$

sein muß.

28. Wie muß ein Rechteck von der Länge l und der Breite b gebogen werden, damit das dadurch entstehende rechtwinklige Parallelepipedon A′C (Fig. 17) das größtmögliche Volumen M erhalte.

Es ist $AA' = CC' = b$, $AB+BC+CD = l$, $AB = DC$ sei x.

Von der Existenz eines Maximum überzeugt man sich zunächst leicht, da wenn AB entweder nahezu $= \frac{1}{2}$ oder nahezu $= 0$ wird, das Volumen des Parallelepipedon sehr klein wird. Daraus folgt also, daß zwischen diesen beiden Werthen von x ein größtes Volumen existiren muß.

Man hat aber nach den obigen Bezeichnungen:

$$M = bx(l-2x),$$

also für das größte M:

$$x = \tfrac{1}{4}l.$$

29. In den mit einer Flüssigkeit angefüllten gegebenen geraden Kegel BAC (Fig. 9) werde ein Würfel so eingetaucht, daß seine untere Fläche parallel mit der Kegelbasis bleibe. Wie groß muß dieser Würfel sein, damit er so viel Wasser als möglich verdränge?

Daß die Menge des verdrängten Wassers in der That ein Maximum werden kann, ist klar. Ist nämlich der Würfel sehr klein, so ist auch das verdrängte Volumen sehr klein; ebenso, wenn der

Würfel so groß ist, daß seine Diagonale fast $= AC$ geworden. Um nun den dazwischen liegenden Würfel zu finden, der die größte Menge der Flüssigkeit verdrängt, lege man durch die Kegelaxe und zwei Kanten des Würfels eine Ebene. Dieselbe schneide den Kegel in ABC und den Würfel im ungleichseitigen Rechteck $GHH'G'$. Die Diagonale GH sei $= 2x$ und HF der eingetauchte Theil der Seite $HH' = y$. Bezeichnet man ferner die gegebene Höhe des Kegels mit h und den Radius seines Grundkreises mit r, so folgt aus der Aehnlichkeit der Dreiecke CHF und CBD

$$y = \frac{h(r-x)}{r}.$$

Das Volumen M des im Kegel befindlichen rechtwinkligen Parallelepipedon erhält man ferner durch die Gleichung

$$M = 2x^2y$$
$$= \frac{2h}{r}x^2(r-x).$$

Daraus folgt denn für das dem größten M entsprechende x:

$$x = \tfrac{2}{3}r \quad \text{und} \quad y = \tfrac{1}{3}h.$$

Die Seite des gesuchten Würfels a ist aber $= \frac{2}{3}\sqrt{2}\,r$. Hat nun der gegebene Kegel eine solche Gestalt, daß

$$2\sqrt{2}\,r < h$$

ist, so bezieht sich das gefundene Maximum nicht mehr auf einen eingetauchten Würfel, weil ja $y > a$ wird, sondern auf ein unbegrenztes rechtwinkliges Parallelepipedon mit quadratischer Grundfläche, dessen Continuität nicht wie bei dem Würfel durch willkürliche Begrenzung unterbrochen ist. Im Uebrigen folgt leicht aus den obigen Betrachtungen, daß von allen Würfeln, die in Kegel eingetaucht werden sollen, für welche

$$2\sqrt{2}\,r < h$$

ist, derjenige der größte ist, dessen obere Grenzfläche, nach dem Eintauchen, mit der Basis des Kegels zusammenfällt. Denn von ihm an wird das Volumen aller tiefer in den Kegel hinabragenden Würfel wieder kleiner.

Sollte man nicht ein regelmäßiges vierseitiges Parallelepipedon, sondern irgend ein anderes gerades Prisma, dessen Basis ein regelmäßiges nEck ist, in einen gegebenen Kegel hineintauchen, so würde man zu ganz ähnlichen Resultaten gelangen. Es würde nämlich:

$$M = \frac{1}{2} n \sin \frac{2\pi}{n} x^2 y$$

$$= \frac{1}{2} n \sin \frac{2\pi}{n} \cdot \frac{h}{r} x^2 (r - x).$$

Man erhält also wiederum:

$$x = \frac{2}{3} r \quad \text{und} \quad y = \frac{1}{3} h.$$

Sämmtliche Prismen müßten folglich bis auf ein Drittel der Höhe in den Kegel hineinragen, um die größte Flüssigkeitsmenge zu verdrängen. Daß also von allen Prismen der Cylinder am meisten verdrängt ist klar, da er bei derselben Höhe des eingetauchten Stücks die größte Grundfläche hat. Für eine eingetauchte Kugel ließe sich eine ganz ähnliche Aufgabe aufstellen und ebenso leicht, wie die obige, lösen.

30. Ein Kegel E'AG' (Fig. 20), ist bis zur Linie EG mit einer Flüssigkeit erfüllt. Taucht man alsdann irgend ein gerades Prisma, dessen Basis ein regelmäßiges nEck ist in den Kegel hinein, bis DC, so wird die verdrängte Flüssigkeit bis zur Höhe AF' aufsteigen. Wie muß dann das eingetauchte Prisma gestaltet sein, damit diese Höhe AF' so groß als möglich sei.

Daß in der That das gesuchte Maximum existire, sieht man leicht ein. Ist nämlich die n-seitige Basis sehr klein, oder sehr groß, so wird auch nur sehr wenig Flüssigkeit verdrängt und also der Wasserspiegel EG auch nur sehr wenig gehoben. Zwischen beiden muß also nothwendig wenigstens ein Maximum existiren. Es sei E'G' ein Schnitt durch die Kegelaxe und zwei Prismakanten, so daß DE die Diagonale des nEcks ist, welches die Basis des eingetauchten Prisma bildet. Die Höhe des eingetauchten Stückes BF' sei $= y$, $BA = z$, und die ursprüngliche Höhe der Flüssigkeit $AF = h$. Der bekannte Winkel BAC sei $= \alpha$.

Nach diesen Bezeichnungen wird das Volumen der vorhandenen Flüssigkeit $= \frac{1}{3} \pi h^3 \operatorname{tg} \alpha$. Addirt man nun dasselbe zum eingetauchten Stücke des Prisma, so muß es gleich dem Volumen des Kegels E'AG' werden. Danach erhält man nun folgende Bedingungsgleichung zwischen y und z:

$$\tfrac{1}{3}\pi h^3 \mathrm{tg}^2\alpha + \tfrac{1}{2} n \sin\frac{2\pi}{n} \mathrm{tg}^2\alpha\, y z^2 = \tfrac{1}{3}\pi (y+z)^3 \mathrm{tg}^2\alpha ,$$

oder, wenn man mit $\frac{1}{3}\pi \mathrm{tg}^2\alpha$ dividirt und $\frac{3n}{2\pi}\sin\frac{2\pi}{n} = a$ setzt

$$(1) \quad h^3 + a y z^2 = (y+z)^3.$$

Die Funktion M aber, die ein Maximum werden soll, ist

$$(2) \quad M = y + z.$$

Man eliminire nun aus dieser Gleichung y mit Hülfe von (1), indem man (2) mit az^2 erweitert. Es ergiebt sich dann durch Subtraktion:

$$(3) \quad h^3 - az^3 = M^3 - aMz^2.$$

Man könnte nun allenfalls diese Gleichung nach M auflösen und erhielte nach der gewöhnlichen Methode

$$M = \tfrac{3}{2} z.$$

Setzt man diesen Werth in die Gleichung (2) ein, so ergiebt sich:

$$y = \tfrac{1}{2} z.$$

Also nach der Gleichnng (1)

$$z = \frac{2h}{3\sqrt[3]{1 - \frac{2n}{9\pi}\sin\frac{2\pi}{n}}}.$$

Für einen eingetauchten Cylinder würde folglich:

$$z = \frac{2h}{\sqrt[3]{15}}.$$

Man kann aber die vorliegende Aufgabe auf eine andere kürzere Weise lösen. Gehen wir zu diesem Zwecke noch einmal auf die Gleichung (3) zurück.

Es giebt für jedes z immer ein zugehöriges z_1, für welches M dasselbe bleibt, wie für z. Man kann also stets die folgenden Gleichungen ansetzen:

$$h^3 - az^3 = M^3 - aMz^2 \quad \text{und}$$
$$h^3 - az_1^3 = M^3 - aMz_1^2.$$

Durch Subtraktion dieser Gleichung erhält man:

$$a(z^3 - z_1^3) = aM(z^2 - z_1^2)$$

oder wenn man mit $a(z - z_1)$ hebt:

$$(z^2 + z z_1 + z_1^2) = M(z + z_1).$$

Für den größten Werth von M nun wird $z = z_1$ und mithin

$$z = \tfrac{2}{3}M, \qquad \text{folglich} \qquad y = \tfrac{1}{3}M.$$

Setzt man diesen Werth in (1) ein, so ergiebt sich:

$$h^3 + \tfrac{4}{27}aM^3 = M^3 \quad \text{also}$$

$$M = \frac{h}{\sqrt[3]{1 - \tfrac{4}{27}a}} \quad \text{und}$$

$$z = \frac{2h}{3\sqrt[3]{1 - \tfrac{4}{27}a}}.$$

Das gesuchte Prisma taucht also bis auf zwei Drittel von M in den Kegel ein. Dies Resultat hätte sich auch leicht aus der Lösung der vorigen Aufgabe (Nr. 29) ergeben. Gesetzt nämlich, AF′ sei die größte Höhe, zu der durch das Eintauchen des Prisma die Flüssigkeit ansteigen kann. Alsdann ist auch D′DCC′ das größtmögliche Prismenstück, das in den Kegel E′AG′ eingetaucht werden kann, da alle Prismen, deren Volumen kleiner als dies größte ist, die Flüssigkeit eben nicht so hoch heben würden. Daraus folgt aber unmittelbar nach Nr. 29

$$y = \tfrac{1}{2}z.$$

Also aus der Gleichung (1)

$$z = \frac{2h}{3\sqrt[3]{1 - \tfrac{4}{27}a}}.$$

31. Auf der Centrale zweier gegebenen Kugeln MM′ soll der Punkt A (Fig. 18) gefunden werden, von welchem aus die Summe der beiden überblickten Calotten ein Maximum ist.

Die Radien der beiden Kugeln seien r und r′, die Entfernung ihrer Mittelpunkte MM′ = a. Setzt man ferner AM = x also AM′ = a — x, so erhält man für die Höhen der gesuchten Calotten leicht die folgenden Werthe:

$$HB = r - \frac{r^2}{x} \quad \text{und}$$

$$B'H' = r' - \frac{r'^2}{a - x}.$$

Daraus folgt aber die Summe der beiden gesuchten Calotten:

$$M = 2\pi r^2 + 2\pi r'^2 - 2\pi\left\{\frac{r^3}{x} + \frac{r'^3}{a - x}\right\}.$$

Setzt man also

$$\frac{r^3}{x}+\frac{r'^3}{a-x}=\frac{r^3}{x_1}+\frac{r'^3}{a-x_1},$$

so erhält man nach der bekannten Methode:

$$x=a\frac{\sqrt{r^3}}{\sqrt{r^3}+\sqrt{r'^3}}.$$

Substituirt man außerdem noch:

$$\frac{r'^3}{r^3}=\alpha^2,$$

so ergiebt sich:

$$x=\frac{a}{1+\alpha}.$$

Daß aber der soeben gefundene Werth von x in der That einem Maximum entspreche, ließe sich leicht durch einfache geometrische Betrachtungen darthun, wenn man bemerkt, daß bei kleinen Verschiebungen von A um Δx der Zuwachs, resp. die Abnahme der Calottenhöhen nahezu

$$=\frac{\Delta x}{1+\frac{x}{r}}$$

wird. Wir ziehen es indessen vor, diesen Beweis aus der besondern Gestalt der Funktion M herzuleiten. Dieselbe wird nämlich für $x=0$ und $x=a$ negativ unendlich groß. Daraus folgt, daß es zwischen diesen Grenzwerthen einen andern geben muß, für welchen M ein Maximum wird. Der einzige ausgezeichnete Werth von x, den wir aber gefunden haben, liegt immer zwischen den Grenzen 0 und a, folglich entspricht er diesem Maximum.

32. Das gegebene Dreieck BHD rotirt in seiner Ebene um den festen Punkt B (Fig. 7) der ebenfalls festen Linie AC. In welcher Lage des Dreiecks ist die Summe der Lothe HA+DC am größten? Der Winkel ABC sei die unabhängig Veränderliche, die wir in diesem Falle mit φ bezeichnen wollen. HB sei ferner $=d$, $BD=p$ und der Winkel $HBD=\beta$. Es ist alsdann

$$HA+DC=M(\varphi)=d\sin\varphi+p\sin(\beta+\varphi).$$

Da diese Funktion ein Maximum sein soll, wie denn ein solches offenbar existirt, so setze man:

$$d(\sin\varphi - \sin\varphi_1) + p\{\sin(\beta+\varphi) - \sin(\beta+\varphi)\} = 0.$$

Verwandelt man die Differenzen nach einer bekannten trigonometrischen Formel in Produkte, so folgt daraus sofort:

$$2d\sin\tfrac{1}{2}(\varphi-\varphi_1)\cos\tfrac{1}{2}(\varphi+\varphi_1) + 2p\sin\tfrac{1}{2}(\varphi-\varphi_1)\cos(\beta+\tfrac{1}{2}(\varphi+\varphi_1)) = 0.$$

Setzt man also, nachdem man den gemeinschaftlichen Faktor $2\sin\frac{1}{2}(\varphi-\varphi_1)$ fortgehoben, $\varphi = \varphi_1$, so ergiebt sich:

$$d\cos\varphi + p\cos(\beta+\varphi) = 0, \text{ oder}$$

$$\operatorname{tg}\varphi = \frac{d + p\cos\beta}{p\sin\beta}.$$

Ist also p oder β sehr klein, so wird $\operatorname{tg}\varphi = \infty$, d. h. $\varphi = 90^0$, wie auch von vorn herein einleuchtete.

Soll der Inhalt der beiden Dreiecke HBA und BDC ein Maximum werden, so wird man auf ganz ähnliche Gleichungen geführt und findet schließlich:

$$\operatorname{tg}2\varphi = \cot 2\beta - \frac{d^2}{p^2\sin 2\beta}$$

33. A und B seien zwei Dörfer, A′B′ ein geradliniger Canal, aus welchem vom Dorfe A aus Wasser nach B geschafft werden soll. Nach welchem Punkte C des Canales muß man fahren, um in der kürzesten Zeit M nach B zu gelangen, wenn g die Geschwindigkeit der leeren und g′ die der gefüllten Wagen ist?

Die Entfernung AA′ des Dorfes A vom Canale sei = a, und BB′, die des Dorfes B, = b. Ferner setze man A′B′ = c, AC = x und BC = y.

Man hat nach diesen Bezeichnungen die Bedingungsgleichung:

$$(1) \qquad c = \sqrt{x^2 - a^2} + \sqrt{y^2 - b^2}.$$

Für die Zeit M aber, die ein Minimum werden soll, ergiebt sich:

$$(2) \qquad M = \frac{x}{g} + \frac{y}{g'}.$$

Man könnte nun, wie wir es bisher gethan, aus dieser Gleichung y eliminiren und alsdann M nach der gewöhnlichen Methode weiter behandeln. Da indessen die erhaltenen Gleichungen eine weniger geschickte Form annehmen, ziehen wir vor, auf eine etwas verschiedene Weise zu verfahren. Man setze nämlich:

$$\frac{x}{g}+\frac{y}{g'}=\frac{x_1}{g}+\frac{y_1}{g'} \quad \text{oder}$$

$$(a) \quad \frac{x-x_1}{g}+\frac{y-y_1}{g_1}=0.$$

Aus der Gleichung (1) folgt aber für diese vier Größen x, x_1, y, y_1 die Bedingung:

$$\sqrt{x^2-a^2}-\sqrt{x_1^2-a^2}=\sqrt{y_1^2-b^2}-\sqrt{y^2-b^2}.$$

Erweitert man aber die Differenz der Wurzeln mit ihrer Summe, so erhält man:

$$(b) \quad \frac{(x-x_1)(x+x_1)}{\sqrt{x^2-a^2}+\sqrt{x_1^2-a^2}}=\frac{(y_1-y)(y+y_1)}{\sqrt{y^2-b^2}+\sqrt{y_1^2-b^2}}.$$

Eliminirt man nun aus (a) und (b) $x-x_1$ und $y-y_1$, so ergiebt sich, wenn man $x=x_1$ also auch $y=y_1$ setzt:

$$(3) \quad \frac{gx}{\sqrt{x^2-a^2}}=\frac{g'y}{\sqrt{y^2-b^2}}$$

oder, wenn man den Winkel DAC mit α und DCB mit β bezeichnet:

$$(4) \quad \frac{g}{\sin\alpha}=\frac{g'}{\sin\beta}.$$

Wir haben also, um das dem Minimum entsprechende x und y zu finden, nur die Gleichungen (1) und (3) aufzulösen. Substituiren wir aber in denselben

$$\sqrt{x^2-a^2}=z \quad \text{und} \quad \sqrt{y^2-b^2}=u,$$

so nehmen sie die folgende Gestalt an:

$$(5) \quad \begin{cases} c=u+z \\ g^2+\dfrac{a^2g^2}{z^2}=g'^2+\dfrac{b^2g'^2}{u^2}. \end{cases}$$

Da dieses System (5) sich nicht auf quadratische Gleichungen zurückführen läßt, so wird man wohl thun, seine Wurzeln aus den numerisch gegebenen Werthen der Constanten mit Hülfe einer Näherungsmethode zu berechnen.

Es sei z. B. gegeben:

$$c=4; \quad g=2; \quad g'=1; \quad a=1 \quad \text{und} \quad b=2.$$

Man erhält nach Substitution dieser besonderen Werthe in (5)

$$(6)\quad \begin{cases} 4 = u + z \\ 1 - \frac{1}{u^2} = \frac{1}{4} - \frac{1}{z^2}. \end{cases}$$

Wir betrachten nun zuerst u und z als veränderliche Größen, so daß die erste Gleichung durch die gerade Linie CA (Fig. 19) dargestellt wird, wenn wir z als Abscisse auf der horizontalen und u als Ordinate auf der verticalen Linie OU abtragen. Unter derselben Voraussetzung wird die zweite Gleichung durch den Curvenzweig OBD dargestellt, dessen Gestalt ohne Schwierigkeit aus jener Gleichung gefolgert werden kann. Daß wir aber nur die Strecke CA der geraden Linie

$$4 = u + z$$

und nur den einen Zweig der Curve OBD zu berücksichtigen haben, folgt leicht aus der gestellten Aufgabe, welche für u und z nur positive Werthe gestattet.

Wir haben nun, um das System (6) aufzulösen, nur die Coordinaten u_0, z_0 des Schnittpunktes B zu berechnen, da dieselben in der That die beiden aufzulösenden Gleichungen erfüllen.

Um nun schnell diese Coordinaten zu finden, bringen wir die Gleichungen (6) in die folgende Form:

$$(7)\quad z = 4 - u$$

$$(8)\quad u = \frac{1}{\sqrt{0{,}75 + \frac{1}{z^2}}}.$$

Setzt man ferner in (8) als ersten Näherungswerth $z = 3$, so folgt daraus $u = 1{,}079$, als die Ordinate des Punktes β. Ist aber in der ersten Gleichung $u = 1{,}079$, so wird $z = 2{,}921$. Wird nun dieser korrigirte Werth wieder in (8) eingesetzt, so findet man entsprechend:

$$u = 1{,}074.$$

Ist aber wiederum in der ersten Gleichung $u = 1{,}074$, so wird $z = 2{,}9261$. Diesen Werth setzt man wieder in (8) ein u. s. w. Offenbar ist diese Rechnung so lange fortzusetzen, bis das in (8) eingesetzte und das aus (7) sich ergebende entsprechende z bis auf die verlangten Decimalstellen übereinstimmen. Wenn man diese Operationen geometrisch deutet, so findet man nach einfachen Betrachtungen, daß man sich dem Schnittpunkte auf einer rechtwinkligen, aus geraden Linien zusammengesetzten Spirale nähert, deren Ecken abwechselnd auf der geraden Linie (7) und auf der Curve (8) liegen.

Die oben angeführten Rechnungen lassen sich übrigens mit Hülfe einfacher Kunstgriffe noch bedeutend abkürzen.

Stellt man nämlich die sich ergebenden Näherungswerthe von z und u in eine Tabelle zusammen, so findet man:

z	u
3	1,079
2,921	1,0740
2,9261	1,074093
2,925907	

Vergleicht man nun den letzten Werth von z, wie er aus der Gleichung (7) folgte, mit dem vorhergehenden z_1, so findet man, daß die Differenz

$$z_1 - z = 0{,}000193$$

ist, so daß der letzte Werth von z bis auf die dritte Decimale sicher ist. Setzt man nun

$$z_1 = 2{,}9261 \quad \text{und} \quad u_1 = 1{,}074093,$$

so hat man die Gleichung:

$$1 - \frac{1}{u_1^2} = \tfrac{1}{4} - \frac{1}{z_1^2}.$$

Bezeichnet man ferner die obige Differenz 0,000193 mit Δz, so kann man wiederum die Gleichung ansetzen:

$$1 - \frac{1}{(u_1 - \Delta u)^2} = \tfrac{1}{4} - \frac{1}{(z_1 - \Delta z)^2},$$

wo Δu eine Größe darstellt von derselben Ordnung, wie Δz, deren Quadrat also ebenso wie Δz^2 vernachlässigt werden darf. Subtrahirt man nun die soeben aufgestellten Gleichungen von einander, so erhält man:

$$\frac{1}{u_1^2} - \frac{1}{u_1^2}\left(1 - \frac{\Delta u}{u_1}\right)^{-2} = \frac{1}{z_1^2} - \frac{1}{z_1^2}\left(1 - \frac{\Delta z}{z_1}\right)^2,$$

oder, wenn man die Potenzen nach dem binomischen Lehrsatze entwickelt, und die Quadrate von Δu und Δz vernachlässigt:

$$\frac{\Delta u}{u_1^3} = \frac{\Delta z}{z_1^3} \quad \text{oder}$$

$$\varDelta u = \frac{u_1^3}{z_1^3} \cdot \varDelta z$$
$$= 0{,}0000095.$$

Somit ist schließlich

$$u = 1{,}074093 - 0{,}0000095 = 1{,}0740835 \quad \text{und}$$
$$z = 4 - 1{,}0740835 \qquad = 2{,}9259165$$

genau bis auf 7 Decimalstellen. Wollte man den Werth von z bis auf 9 Decimalen genau haben, so hätte man nur in der obigen Gleichung $-\varDelta z = 0{,}0000095$ zu setzen u. s. w.

Nun war aber $a = 1$, mithin

$$\frac{\sqrt{x^2 - a^2}}{a} = z = \operatorname{tg} \alpha.$$

Also

$$\alpha = 71^0\ 7'\ 51'',4.$$

Daß aber der soeben gefundene Werth in der That einem Minimum entspreche, erhellt leicht daraus, daß die Funktion M abnimmt, wenn sich C von A′ nach A″ bewegt, indem sich anfänglich AC wenig verändert, BC sich hingegen bedeutend verkürzt. Der erste ausgezeichnete Werth, den also M annimmt, ist ein Minimum, welches wir denn im Obigen gefunden haben.

Wir wollen die Gleichungen (6) noch mit Hülfe einer anderen Näherungsmethode auflösen.

Wir haben nämlich nach Fig. 21

$$\frac{\sqrt{x^2 - b^2}}{x} = \sin \alpha, \quad \frac{\sqrt{y^2 - c^2}}{y} = \sin \beta$$

und daraus

$$CA' = a \operatorname{tg} \alpha \quad \text{und} \quad CB' = b \operatorname{tg} \beta.$$

Setzt man also diese Werthe in (3) und (4) ein, so erhält man:

$$a \operatorname{tg} \alpha + b . \operatorname{tg} \beta = c \quad \text{und}$$
$$g \sin \beta = g' \sin \alpha.$$

Substituirt man noch a für $\frac{a}{c}$, b für $\frac{b}{c}$ und n für $\frac{g'}{g}$, so erhält man:

$$a \operatorname{tg} \alpha + b \operatorname{tg} \beta = 1$$
$$\text{und} \quad n \sin \alpha = \sin \beta.$$

Aus der letzten Gleichung ergiebt sich aber:

$$\operatorname{tg}\beta = \frac{n \sin\alpha}{\sqrt{1-n^2\sin^2\alpha}}$$

und wenn man diesen Werth in die erste Gleichung einsetzt:

$$a \operatorname{tg}\alpha + \frac{b n \sin\alpha}{\sqrt{1-n^2\sin^2\alpha}} = 1.$$

Hebt man ferner den Bruch der linken Seite mit $\cos\alpha$, so wird:

$$a \operatorname{tg}\alpha + \frac{b n \operatorname{tg}\alpha}{\sqrt{1+(1-n^2)\operatorname{tg}^2\alpha}} = 1.$$

Man substituire nun

$$(1-n^2)\operatorname{tg}^2\alpha = \operatorname{tg}^2\varphi.$$

Es ergiebt sich:

$$\frac{a}{\sqrt{1-n^2}}\operatorname{tg}\varphi + \frac{bn}{\sqrt{1-n^2}}\sin\varphi = 1 \quad \text{oder}$$

$$\frac{bn}{a}\sin\varphi\cos\varphi = \frac{1}{a}\sqrt{1-n^2}\cos\varphi - \sin\varphi.$$

Setzt man noch

$$\frac{1}{a}\sqrt{1-n^2} = \operatorname{tg}\lambda,$$

so findet man schließlich:

$$(9) \quad \cos\lambda\sin 2\varphi = \frac{2a}{bn}\sin(\lambda-\varphi),$$

eine Gleichung, aus welcher φ und somit auch α zu bestimmen ist.

Wir hatten nun oben angenommen:

$$a = \tfrac{1}{4}, \quad b = \tfrac{1}{2}, \quad n = \tfrac{1}{2}.$$

Mit Hülfe dieser Werthe findet man

$$\operatorname{tg}\lambda = \sqrt{12}, \quad \text{folglich}$$

$$\lambda = 73^0\,53'\,52'',38 \quad \text{und}$$

$$\log\frac{2a}{bn\cos\lambda} = 0,8580016.$$

Setzt man diese Werthe in (9) ein, so erhält man:

$$\log\sin 2\varphi - \log\sin(\lambda-\varphi) - 0,8580016 = 0 \quad \text{oder}$$

$$(10) \quad F = 0,$$

wenn man zur Abkürzung die linke Seite der aufzulösenden Gleichung mit F bezeichnet. Da nun der Bruch $\frac{\sin 2\varphi}{\sin(\lambda-\varphi)}$ nahezu $=7$ sein soll, so muß $\lambda-\varphi$ ziemlich klein sein. Setzt man daher versuchsweise zuerst $\varphi=70^\circ$, so wird $F=0{,}12$, wie ein bloßer Blick in die trigonometrischen Tafeln zeigt. φ war also zu groß angenommen. Setzt man aber $\varphi=65^\circ$, so wird $F=-0{,}16$. Es ist also der Winkel φ zu klein angenommen, so daß sein wahrer Werth zwischen 70° und 65° liegen muß. Versucht man $\varphi=68^\circ$, so erhält man:

$$F=-0{,}0270.$$

Auch $\varphi=68^\circ$ ist mithin zu klein. Nimmt man indessen $\varphi=68^\circ{,}30'$, so wird:

$$F=+0{,}0023$$

ein wenig zu groß. $\varphi=68^\circ 25'$ giebt:

$$F=-0{,}0030.$$

Es ist also durch ein einfaches Nachschlagen der Tafeln, ohne alle Rechnung, festgestellt, daß φ zwischen $68^\circ\,30'$ und $68^\circ\,25'$ liegt.

Zur genaueren Bestimmung aber wollen wir eine Methode anwenden, zu der man durch folgende Betrachtungen geführt wird.

Trägt man die willkürlich angenommenen Werthe von φ als Abscissen auf der horizontalen Linie OX (Fig. 22) ab, während man die zugehörigen Ordinaten gleich den entsprechenden F macht, so erhält man eine Curve EF, welche in einem Punkte S, dessen Abscisse OS das gesuchte φ ist, die Axe OX schneidet. Man weiß nun schon, daß OS zwischen $OA=68^\circ\,25'$ und $OB=68^\circ\,30'$ liegen muß, weil der dem ersten Werthe entsprechende Curvenpunkt noch unterhalb, der dem zweiten entsprechende schon oberhalb der Abscissenaxe liegt. Man nimmt nun, um einen weiteren Näherungswerth zu erhalten an, daß, innerhalb der engen Grenzen $68^\circ\,25'$ und $68^\circ\,30'$, F sich proportional mit φ verändere, oder mit anderen Worten, daß man den Durchschnittspunkt L der Sehne CD und der Axe OX als den Durchschnittspunkt S der Curve selbst betrachten kann. Um also einen genaueren Werth von φ zu erhalten, hat man nur die Strecke AL zu berechnen und zur Abscisse $OA=68^\circ 25'$ zu addiren. Es ist nun

$$AC=0{,}0030, \quad BD=0{,}0023$$

$$\text{und} \quad AB=5'.$$

Es ergiebt sich aber aus der Aehnlichkeit der Dreiecke ACL und BDL:

$$AL : AC = AB : AC + BD \quad \text{also}$$

$$AL = \frac{5'.0{,}003}{0{,}003 + 0{,}0023} = 2'48''$$

$$\text{und} \quad \varphi = 68^0\,27'\,48''.$$

Setzt man diesen Werth wiederum in (10) ein, so ergiebt sich

$$F = -0{,}0000125.$$

Stellt man das soeben gefundene φ noch einmal mit $\varphi = 68^0\,28'$

$$\text{also} \quad F = +0{,}0002007$$

zusammen, so findet man, wenn man die soeben ausgeführten Betrachtungen für die Abscissen

$$OA' = 68^0\,27'\,48'',$$

$$OB' = 68^0\,28'$$

und die Ordinaten

$$A'C' = -0{,}0000125,$$

$$B'D' = 0{,}0002007$$

noch einmal anstellt und den Durchschnitt der Sehne C'D' und OX mit L' bezeichnet, als zweite Correktion der Wurzel φ:

$$LL' = \frac{12''.125}{2007 + 125} = 0'',705.$$

Also ist

$$\varphi = 68^0\,27'\,48'',705.$$

Das ihm entsprechende F verschwindet bis auf die achte Decimalstelle. Da aber

$$\operatorname{tg}\varphi = \sqrt{\tfrac{3}{4}}\operatorname{tg}\alpha$$

ist, so ergiebt sich schließlich ganz wie oben:

$$\alpha = 71^0\,7'\,51'',4.$$

34. Zwischen den Schenkeln des rechten Winkels EAD (Fig. 23) sei ein beliebiger Punkt C durch seine rechtwinkligen Coordinaten a und b gegeben. Es soll durch den Punkt C eine gerade Linie ED so gelegt werden, daß der Flächeninhalt M des Dreiecks EAD ein Minimum werde.

Bezeichnet man BD mit x, so erhält man sofort:

$$M = ab + \tfrac{1}{2}xb + \frac{a^2b}{2x}.$$

Setzt man also:

$$\tfrac{1}{2}xb+\frac{a^2b}{2x}=\tfrac{1}{2}x_1b+\frac{a^2b}{2x_1},$$

so ergiebt sich:

$$x=a \quad \text{und} \quad EF=b.$$

Ferner ist

$$M=2ab.$$

Ist der gegebene Winkel EAD irgend ein stumpfer oder ein spitzer, und sind in diesem Falle a und b die schiefwinkligen Coordinaten des Punktes C, parallel mit resp. AE und AD, so erhält man wie für den Fall, daß EAD ein rechter Winkel ist:

$$x=a \quad \text{und} \quad EF=b.$$

Auch bliebe das kleinste M doppelt so groß, wie das Parallelogramm CBAF.

Das Problem die Linie ED so zu legen, daß der ganze Umfang des Dreiecks EAD ein Minimum werde, ist schon im Früheren, wenngleich nach einer anderen Methode behandelt. Die Auflösung nach den in diesem Kapitel angewandten Principien hat übrigens durchaus keine Schwierigkeit.

35. Es soll (Fig. 23) durch C eine gerade Linie ED so gelegt werden, daß ihre Länge M ein Minimum werde.

Man hat nach den obigen Bezeichnungen:

$$CD=\sqrt{b^2+x^2}, \quad EF=\frac{ab}{x} \quad \text{also}$$

$$EC=\frac{a}{x}\sqrt{b^2+x^2}.$$

Daraus folgt aber:

$$M=\frac{a+x}{x}\sqrt{b^2+x^2}$$

$$=\sqrt{\frac{(a+x)^2(b^2+x^2)}{x^2}}.$$

Man setze nun nach der bekannten Methode

$$\frac{(a+x)^2(b^2+x^2)}{x^2}=\frac{(a+x_1)^2(b^2+x_1^2)}{x_1^2},$$

hebe mit $x-x_1$ und setze alsdann $x=x_1$. Man findet:

$$(a+x)(x^3-ab^2)=0.$$

Die eine Wurzel $x = -a$ entspricht nun dem Minimum $M = 0$. Der andere Faktor der Gleichung hingegen liefert den eigentlich verlangten kleinsten Werth von ED. Es ergiebt sich:

$$x = \sqrt[3]{ab^2}.$$

Setzt man nun diesen Werth oben ein, so erhält man:

$$ED^2 = a^2 + 3a^{\frac{4}{3}}b^{\frac{2}{3}} + 3a^{\frac{2}{3}}b^{\frac{4}{3}} + b^2, \quad \text{mithin}$$

$$ED^{\frac{2}{3}} = a^{\frac{2}{3}} + b^{\frac{2}{3}} = c^{\frac{2}{3}}.$$

Construirt man also eine Curve, deren auf die rechtwinkligen Coordinatenaxen AD und AE bezogene Gleichung die Form hat:

$$x^{\frac{2}{3}} + y^{\frac{2}{3}} = c^{\frac{2}{3}},$$

so ist dieselbe der Ort aller der Punkte, für welche die kürzeste Linie ED denselben konstanten Werth c hat. Jede dieser Linien ED ist aber Tangente der Curve in ihrem zugehörigen Punkte C. Gesetzt nämlich, eine Linie ED schnitte die Curve außer in C noch in einem zweiten Punkte C′, so ließen sich stets durch die Punkte des Bogens CC′ grade Linien E′D′ legen, welche kürzer sind als ED, was gegen die Definition unserer Curve verstößt. Alle kürzeste Linien ED sind also Tangenten derselben. Bewegt sich ferner eine gerade Linie von constanter Länge c so, daß ihre beiden Endpunkte auf den Schenkeln eines rechten Winkels bleiben, so ist die Gleichung der Curve, die sie bei dieser Bewegung umhüllt:

$$x^{\frac{2}{3}} + y^{\frac{2}{3}} = c^{\frac{2}{3}}.$$

Ist an Stelle des rechten Winkels EAD irgend ein schiefer gegeben, so läßt sich die Aufgabe ebenfalls ohne alle Schwierigkeiten lösen.

36. Es seien (Fig. 26) EA und DA größte Kreise einer Kugel, welche zu einander senkrecht stehen. Ferner sei auf derselben Kugel der Punkt C folgendermaßen gegeben. Man lege durch ihn einen größten Kreis BF senkrecht zu AD, so daß $BF = \frac{1}{2}\pi$ ist. Ebenso sei $B'CF' = \frac{1}{2}\pi$ ein größter Kreis, der normal zu AE ist. Der Punkt C wird nun durch die gegebenen Bogen $CF = a$ und $CF' = b$ völlig bestimmt. Damit ist zugleich der konstante Winkel $F'CB = \alpha$ gegeben, indem $\cos\alpha = \operatorname{tg} a . \operatorname{tg} b$ ist. Wie muß der größte Kreis ED durch C gelegt werden, damit der Inhalt M des sphärischen Dreiecks EAD ein Minimum werde?

Da der Inhalt eines sphärischen Dreiecks auf einer Kugel vom Radius 1 gleich dem Ueberschusse seiner Winkelsumme über zwei Rechte ist, so ist es hinreichend, daß die Summe der Winkel AED $= u$ und ADE $= v$ so klein als möglich wird. Bezeichnet man aber die Winkel FCD und F′CE als die unabhängig Veränderlichen mit resp. x und y, so erhält man aus den rechtwinkligen Dreiecken CFD und CF′E sofort die folgenden Gleichungen:

$$(1)\quad \cos v = \cos a \sin x \quad \text{und}$$

$$(2)\quad \cos u = \cos b \sin y.$$

Da nun $u+v$ ein Minimum werden soll, so braucht man nur nach Elimination von y irgend eine Funktion von $u+v$ mit Hülfe dieser beiden Gleichungen als Funktion von x darzustellen und alsdann nach der gewöhnlichen Methode ihre ausgezeichneten Werthe aufzusuchen. Da aber die Ausführung dieser Rechnungen etwas unbequem ist, so ziehen wir es vor, den folgenden Weg einzuschlagen.

Setzt man x_1 für x, so verwandelt sich entsprechend y in y_1, v in v_1 und u in u_1, so daß man erhält:

$$\cos v_1 = \cos a \sin x_1 \quad \text{und}$$

$$\cos u_1 = \cos b \sin y_1.$$

Durch Subtraction dieser Gleichungen von den obigen folgt aber:

$$\cos v - \cos v_1 = \cos a(\sin x - \sin x_1),$$

$$\cos u - \cos u_1 = \cos b(\sin y - \sin y_1).$$

Verwandelt man ferner sämmtliche Differenzen in Produkte, so hat man:

$$\sin \tfrac{1}{2}(v+v_1) \sin \tfrac{1}{2}(v_1 - v) = \cos a . \cos \tfrac{1}{2}(x+x_1) \sin \tfrac{1}{2}(x - x_1),$$

$$\sin \tfrac{1}{2}(u+u_1) \sin \tfrac{1}{2}(u_1 - u) = \cos b . \cos \tfrac{1}{2}(y+y_1) \sin \tfrac{1}{2}(y - y_1).$$

Addirt man aber diese beiden Gleichungen, nachdem man mit resp. $\sin \frac{1}{2}(v+v_1)$ und $\sin \frac{1}{2}(u+u_1)$ dividirt hat, so ergiebt sich:

$$2 \sin \tfrac{1}{4}(u_1+v_1-(u+v)) \cos \tfrac{1}{4}(v_1-u_1-(v-u))$$

$$= \frac{\cos a \cos \frac{1}{2}(x+x_1) \sin \frac{1}{2}(x-x_1)}{\sin \frac{1}{2}(v+v_1)} + \frac{\cos b \cos \frac{1}{2}(y+y_1) \sin \frac{1}{2}(y-y_1)}{\sin \frac{1}{2}(u+u_1)}.$$

Wir nehmen jetzt, um die dem Minimum entsprechenden Werthe von x zu finden, an, daß x und x_1 irgend ein Werthpaar sei, für welches $u_1+v_1 = u+v$ werde. Nach dieser Voraussetzung wird die linke Seite der obigen Gleichung $= 0$.

Da aber $y = \alpha - x$ ist, so findet man:

$$y - y_1 = x_1 - x.$$

Setzt man also diesen Werth in die obige Gleichung ein und dividirt mit dem gemeinschaftlichen Faktor $\sin\frac{1}{2}(x - x_1)$, so ergiebt sich:

$$\cos a \cos\tfrac{1}{2}(x + x_1)\sin\tfrac{1}{2}(u + u_1) = \cos b \cos\tfrac{1}{2}(y + y_1)\sin\tfrac{1}{2}(v + v_1).$$

Diese Gleichung gilt noch allgemein für je zwei flächengleiche sphärische Dreiecke. Für das Minimum aber wird $x = x_1$, also auch $y = y_1$, $u = u_1$ und $v = v_1$. Mithin:

$$\cos a \cos x \sin u = \cos b \cos y \sin v.$$

Quadrirt man aber diese Gleichung und setzt für $\sin u^2$ und $\sin v^2$ ihre Werthe aus (1) und (2) ein, so erhält man nach einfachen Rechnungen:

$$\cos a^2 \sin b^2 \cos x^2 = \cos b^2 \sin a^2 \cos y^2 \quad \text{oder}$$

$$\pm \cot a \operatorname{tg} b = \frac{\cos(\alpha - x)}{\cos x}.$$

Also schließlich:

$$(3) \qquad \operatorname{tg} x = \frac{\pm \cot a \operatorname{tg} b - \cos\alpha}{\sin\alpha}.$$

Da aber:

$$\cos\alpha = \operatorname{tg} a \operatorname{tg} b, \quad \text{also}$$

$$\sin\alpha = \frac{\sqrt{\cos(a+b)\cos(a-b)}}{\cos a \cos b}$$

ist, so findet man leicht, wenn man in (3) $\cot a \operatorname{tg} b$ positiv annimmt:

$$\operatorname{tg} x = \frac{\sin b \cos 2a}{\sin a \sqrt{\cos(a+b)\cos(a-b)}}.$$

Ist aber in (3) $\cot a \operatorname{tg} b$ negativ, so erhält man:

$$\operatorname{tg} x = \frac{-\sin b}{\sin a \sqrt{\cos(a+b)\cos(a-b)}}.$$

Es ist also:

$$\operatorname{tg} ACF = \operatorname{tg} x,$$

so daß der letztgefundene Werth dem durch die größten Kreise AC und AB resp. AB′ begrenzten Kugelzweiecke entspricht.

Wäre für einen speciellen Fall $a = b$, so daß C auf der Halbirungslinie des Winkels EAD liegt, so hat man:

$$\operatorname{tg} x = \sqrt{\cos 2a}.$$

Hält man den Punkt A fest und versteht man unter a und b die Längen der Bogen F'C und FC, so gehen dieselben, wenn man den Radius der Kugel unendlich groß werden läßt, in die rechtwinkligen Coordinaten des Punktes C über. Ihre Sinus sind ihren Längen proportional, ihre Cosinus aber werden = 1. Es wird also für die Ebene:

$$\operatorname{tg} x = \frac{b}{a}$$

ein Resultat, das mit dem in Nr. 34 gefundenen übereinstimmt. Ist der gegebene Winkel EAD kein rechter, sondern irgend ein schiefer, so läßt sich die Rechnung auf ganz dieselbe Weise ohne alle Schwierigkeiten durchführen.

37. Es sei (Fig. 26) wiederum BAB' ein sphärischer rechter Winkel. Man soll durch den Punkt C einen größten Kreis ED so legen, daß der Bogen ED ein Minimum wird.

Behält man die in der vorigen Aufgabe angewandten Bezeichnungen bei, so ergiebt sich aus den rechtwinkligen Dreiecken CFD und CF'E:

$$\cot CD = \cot m = \cos x \cot a \quad \text{und}$$
$$\cot CE = \cot n = \cos y \cot b.$$

Bezeichnet man wiederum mit x und x_1 irgend ein Werthpaar der unabhängig Veränderlichen, für welches $m+n = m_1 + n_1$ ist, so erhält man folgende Gleichungen:

$$\frac{\sin(m - m_1)}{\sin m_1 \sin m} = \cot a (\cos x_1 - \cos x) \quad \text{und}$$
$$\frac{\sin(n - n_1)}{\sin n_1 \sin n} = \cot b (\cos y_1 - \cos y)$$

Addirt man aber diese Gleichungen, nachdem man sie mit resp. $\sin m_1 \sin m$ und $\sin n_1 \sin n$ multiplicirt hat, so ergiebt sich nach einfachen Umformungen:

$$\sin \tfrac{1}{2}(m+n-m_1-n_1) \cos \tfrac{1}{2}(m-m_1-n+n_1)$$
$$= \cot a \sin \tfrac{1}{2}(x+x_1) \sin \tfrac{1}{2}(x-x_1) \sin m_1 \sin m$$
$$+ \cot b \sin(\alpha - \tfrac{1}{2}(x+x_1)) \sin \tfrac{1}{2}(x_1 - x) \sin n \sin n_1.$$

Da nun $m+n = m_1 + n_1$ sein soll, so verschwindet die linke Seite dieser Gleichung und man erhält, wenn man mit $\sin \frac{1}{2}(x - x_1)$ dividirt:

$$\cot a \sin m \sin m_1 \sin \tfrac{1}{2}(x+x_1)$$
$$= \cot b \sin n \sin n_1 \sin(\alpha - \tfrac{1}{2}(x+x_1)).$$

Setzt man aber $x = x_1$, also auch $m = m_1$ und $n = n_1$, so findet man:

$$\cot a \sin m^2 \sin x = \cot b \sin n^2 \sin y.$$

Oder:

$$\cot a \sin x(1+\cot b^2 \cos(\alpha - x)^2) = \cot b \sin(\alpha - x)(1+\cot a^2 \cos x^2).$$

Substituirt man noch:

$$\frac{\sin(\alpha - x)}{\sin x} = \operatorname{tg}\varphi,$$

so erhält man eine Gleichung dritten Grades, die sich nicht weiter vereinfachen läßt. Nur in besonderen Fällen, wenn z. B. b oder $a = 90^0$ ist, erkennt man ohne Schwierigkeit ihre Wurzeln.

38. Zwischen den Schenkeln des rechten Winkels EAD (Fig. 25) liegt ein Kreis vom Radius r, dessen Mittelpunkt durch seine Coordinaten $AB = a$ und $BM = b$ gegeben ist. In welchem Punkte des Kreises C muß man eine Tangente an denselben legen, damit das durch AB und AB′ von ihr abgeschnittene Stück ED ein Minimum werde?

Bestimmt man die Lage des Punktes C durch den Winkel $BMC = x$, der in der Richtung FCF′ herumgezählt werden mag, so kann man leicht ED als Funktion von x darstellen.

Es ist nämlich:

$$MT = \frac{r}{\cos x}, \quad \text{also}$$

$$TB = b - \frac{r}{\cos x}$$

$$\text{und} \quad TD = \frac{b \cos x - r}{\sin x \cos x}.$$

Folglich erhält man:

$$(1) \quad CD = \frac{b \cos x - r \cos x^2}{\cos x \sin x}.$$

Durch eine ganz ähnliche Rechnung ergiebt sich auch:

$$(2) \quad CE = \frac{a \sin x - r \sin x^2}{\cos x \sin x}.$$

Es soll nun CE + CD ein Minimum werden. Man setze also:

$$\frac{b\cos x + a\sin x - r}{\cos x \sin x} = \frac{b\cos x_1 + a\sin x_1 - r}{\cos x_1 \sin x_1}.$$

Schafft man aber die Nenner fort, stellt die entsprechenden Glieder zusammen und löst die Differenzen $\sin x - \sin x_1$, $\cos x - \cos x_1$ und $\cos x \sin x - \cos x_1 \sin x_1$ in Produkte auf, so erhält man, wenn man mit $x - x_1$ hebt und alsdann $x = x_1$ setzt:

$$(3) \quad b\cos x^3 - a\sin x^3 = r\cos 2x.$$

Setzt man noch $\operatorname{tg}\frac{1}{2}x = z$, so ergiebt sich schließlich:

$$b(1-z^2)^3 - 8az^3 = r(1 - 5z^2 - 5z^4 + z^6)$$

eine Gleichung sechsten Grades, die sich nur durch eine Näherungsmethode auflösen läßt.

Es sei z. B. $b = 10$, $a = 4$ und $r = 2$, so geht die Gleichung (3) nach einigen Umformungen in die folgende über:

$$(3') \quad 1 - 0{,}4\operatorname{tg}x^3 - 0{,}2\frac{\cos 2x}{\cos x^3} = 0.$$

So lange aber x kleiner als $\frac{1}{4}\pi$ bleibt, ist $\operatorname{tg}x$ und $\frac{\cos 2x}{\cos x}$ stets kleiner als 1, mithin kann die Gleichung (3') nicht durch Werthe des x befriedigt werden, welche kleiner als $\frac{1}{4}\pi$ sind. Man setze deshalb $x = \frac{1}{4}\pi + z$. Dann nimmt die Gleichung (3') die Form an:

$$(3'') \quad 1 - 0{,}4\operatorname{tg}(\tfrac{1}{4}\pi + z)^3 + 0{,}2\frac{\sin 2z}{\cos(\frac{1}{4}\pi + z)^3} = 0.$$

Um nun einen ersten annähernden Werth für z zu erhalten, setze man zuerst:

$$1 - 0{,}4\operatorname{tg}(\tfrac{1}{4}\pi + z)^3 = 0$$

$$\text{oder} \quad \operatorname{tg}(\tfrac{1}{4}\pi + z) = \sqrt[3]{\tfrac{10}{4}}.$$

Hieraus ergiebt sich für z ein Werth von 8°, und man weiß, daß der wahre Werth von z größer als 8° sein muß. Wählt man nun z. B. $z = 12°$, so wird die Rechnung folgende:

$\lg 0{,}4 = 9{,}6021$	$\lg 0{,}2 = 9{,}3010$
$3\lg\operatorname{tg}57° = 0{,}5624$	$\lg\sin 24° = 9{,}6093$
$0{,}1645 =$	$8{,}9103$
$\lg 1{,}4608$	$3\lg\cos 57° = 9{,}2083 =$
	$\lg 0{,}5035.$

Bezeichnet man die linke Seite von (3″) mit d, so wird nach dieser Rechnung für $z = 12^\circ$

$$d = 1{,}5035 - 1{,}4605 = +0{,}0430.$$

$z = 12^\circ$ ist also, wie man hieraus sieht zu klein. Man wähle nun $z = 13^\circ$. Die Rechnung wird dann folgende:

$$\begin{array}{rl|rl}
\lg 0{,}4 = & 9{,}6021 & \lg 0{,}2 = & 9{,}3010 \\
3 \lg \operatorname{tg} 58^\circ = & 0{,}6126 & \lg \sin 26^\circ = & 9{,}6418 \\
\hline
& 0{,}2147 = & & 8{,}9428 \\
& \lg 1{,}6394 & 3 \lg \cos 58^\circ = & 9{,}1726 \\
\hline
& & & 9{,}7702 = \\
& & & \lg 0{,}5891.
\end{array}$$

Für $z = 13^\circ$ wird also

$$d = 1{,}5891 - 1{,}6394 = -0{,}0503.$$

Der wahre Werth von z, welcher die Gleichung (3″) befriedigt, liegt also zwischen 12° und 13°. Aus den für 12° und 13° berechneten d interpolirt man einen Werth y, der zu 12° addirt einen genaueren Werth für z liefert. Man setze nämlich

$$\frac{y}{430} = \frac{1^\circ}{933}, \quad y = 28'$$

$$z = 12^\circ 28'$$

$$\begin{array}{rl|rl}
\lg 0{,}4 = & 9{,}6020600 & \lg 0{,}2 = & 9{,}3010300 \\
3 \lg \operatorname{tg} 57^\circ 28' = & 0{,}5857659 & \lg \sin 24^\circ 56' = & 9{,}6248629 \\
\hline
& 0{,}1878259 = & & 8{,}9258929 \\
& \lg 1{,}54108 & 3 \lg \cos 57^\circ 28' = & 9{,}1918387 \\
\hline
& & & 9{,}7340542 = \\
& & & \lg 0{,}54207
\end{array}$$

$$d = 1{,}54207 - 1{,}54108 = 0{,}00099.$$

Vergleicht man diesen Werth mit dem für $z = 13^\circ$ erhaltenen, so interpolirt man daraus von neuem:

$$\frac{y}{99} = \frac{32'}{5129}, \quad y = 37''.$$

Es wird also $z = 12^\circ 28' 37''$. Wiederholt man mit diesem Werthe dieselbe Rechnung noch einmal, so wird jetzt $d = 0{,}00003$, so daß also z genau genug bestimmt ist. Der Werth von x, welcher der Gleichung (3) genügt, wird also:

$$x = 57^\circ 28' 37''.$$

39. Wie ist die Tangente ECD (Fig. 25) zu legen, damit der Inhalt M des abgeschnittenen Dreiecks EAD ein Minimum werde?

Man setze $AM = \varrho$, $MAE = \alpha$, den Radius $MC = r$.

Aus der Aehnlichkeit der Dreiecke EAD und CFM folgt sofort:

$$M : \varDelta MCT = ED^2 : MT^2.$$

Setzt man aber für ED seinen in der vorigen Aufgabe schon entwickelten Werth ein, ebenso für MT und $\varDelta MCT$, so erhält man nach einfachen Umformungen:

$$\sqrt{2M} = \frac{a \sin x + b \cos x - r}{\sqrt{\cos x \sin x}}.$$

Diese Funktion nun soll ein Minimum werden. Setzt man sie demnach gleich dem entsprechenden Ausdruck mit x_1 und stellt die zusammengehörigen Glieder zusammen, so ergiebt sich:

$$\varrho(\cos\alpha\sqrt{\cos x \cos x_1} - \sin\alpha\sqrt{\sin x \sin x_1})$$
$$= \frac{r(\sqrt{\cos x_1 \sin x_1} - \sqrt{\cos x \sin x})}{\sqrt{\sin x_1 \cos x} - \sqrt{\sin x \cos x_1}}.$$

Die rechte Seite dieser Gleichung nimmt aber, wenn man mit der Summe der Wurzeln erweitert und mit $\sin(x_1 - x)$ hebt, folgende Gestalt an:

$$\frac{r\cos(x_1+x)(\sqrt{\sin x_1 \cos x} + \sqrt{\sin x \cos x_1})}{\sqrt{\cos x_1 \sin x_1} + \sqrt{\cos x . \sin x}}.$$

Setzt man alsdann $x = x_1$, so ergiebt sich:

$$\varrho\cos\alpha\cos x - \varrho\sin\alpha\sin x = r\cos 2x \quad \text{oder}$$

$$\cos(\alpha + x) = \frac{r}{\varrho}\cos 2x.$$

Diese Gleichung, welche in Bezug auf $\sin x$ vom vierten Grade ist, läßt sich, wenn numerische Werthe von α, ϱ und r gegeben sind, nach der Nr. 33 auseinandergesetzten Näherungsmethode sehr bequem auflösen.

§. 2.

Mechanische Aufgaben.

40. Das Problem:

Von welcher Höhe $CA = x$ (Fig. 24) muß eine vollkommen

elastische Kugel herabfallen, damit sie von DE zurückspringend in der kürzesten Zeit M einen auf der Vertikalen CA liegenden Punkt B, der um h über A steht, wieder erreiche,

ist schon unter Nr. 5, wenngleich auf einem anderen Wege gelöst worden. Es wird:

$$M = \sqrt{\frac{2}{g}}(2\sqrt{x}-\sqrt{x-h}),$$

so daß $2\sqrt{x}-\sqrt{x-h}$ ein Minimum werden muß.

Man setze also nach der in diesem Kapitel angewandten Methode:

$$2(\sqrt{x}-\sqrt{x_1}) = \sqrt{x-h}-\sqrt{x_1-h},$$

oder, wenn man beide Seiten dieser Gleichung mit der Summe der Wurzeln erweitert und den Faktor x_1-x forthebt,

$$\frac{2}{\sqrt{x_1}+\sqrt{x}} = \frac{1}{\sqrt{x_1-h}+\sqrt{x-h}}$$

daher, wenn man $x = x_1$ setzt:

$$x = \tfrac{4}{3}\cdot h.$$

Ebenso bieten die in §. 2 Kap. I behandelten mechanischen Aufgaben bei einer Lösung durch unsere allgemeine Methode durchaus keine Schwierigkeiten dar.

11. Es soll aus einem gegebenen cylindrischen Stücke Bauholz der festeste Balken geschnitten werden, vorausgesetzt, daß die Festigkeit parallelepipedischer Balken dem Produkte aus der Breite derselben und dem Quadrate ihrer Höhe proportional sei.

Der Kreis AC (Fig. 27) vom Radius r sei ein senkrechter Schnitt durch den gegebenen Cylinder und das Rechteck BD ein solcher durch den parallelepipedischen Balken.

Es sei ferner $AB = x$ die Breite des Balkens, d. h. der Fläche, auf welcher er ruht, und $AD = z$ seine Höhe. Die Festigkeit M des gesuchten Balkens ist alsdann nach der Voraussetzung:

$$M = cxz^2,$$

wenn man unter c die Festigkeit eines Balkens von der Breite 1 und der Höhe 1 versteht, der ebenfalls aus dem vorliegenden Materiale geschnitten ist. Zwischen x und y findet außerdem die Bedingungsgleichung Statt:

$$z^2 = 4r^2 - x^2.$$

Also wird

$$M = 4r^2cx - cx^3.$$

Daraus folgt dann für das größte M:

$$x = \frac{2r}{\sqrt{3}} \quad \text{und} \quad z = \frac{2\sqrt{2}r}{\sqrt{3}}$$

$$\text{oder} \quad z = 1{,}414 . x$$

d. h. nahezu

$$= \tfrac{7}{5}x.$$

Ferner hat man:

$$AF = FE = EC = \tfrac{2}{3} \cdot r.$$

42. Auf den beiden Geraden AC und BC (Fig. 28) bewegen sich zwei Punkte von A und B aus mit gleichförmiger Geschwindigkeit, und zwar A mit der Geschwindigkeit α, und B mit der Geschwindigkeit β, wann sind sich diese beiden Punkte am nächsten?

Nach der Zeit t sei A in E, B in D angelangt, dann ist $AE = \alpha t$, $BD = \beta t$, und wenn man $AC = a$, $BC = b$, W. $ACB = \gamma$, setzt, so wird:

$$DE^2 = (a - \alpha t)^2 + (b - \beta t)^2 - 2(a - \alpha t)(b - \beta t)\cos\gamma.$$

Es ist nun t so zu bestimmen, daß DE ein Minimum wird. Nach der gewöhnlichen Methode findet man für t den Werth:

$$t = \frac{a\alpha + b\beta - (a\beta + b\alpha)\cos\gamma}{\alpha^2 + \beta^2 - 2\alpha\beta\cos\gamma}.$$

Setzt man diesen Werth in die obige Gleichung ein, so erhält man für die kleinste Entfernung beider Punkte nach einigen Reductionen:

$$DE = \frac{(a\beta - b\alpha)\sin\gamma}{\sqrt{\alpha^2 + \beta^2 - 2\alpha\beta\cos\gamma}}.$$

43. Von einem Punkte A (Fig. 1) der Vertikalen AD gleiten Steine nach einem Punkte B der Vertikalen CB und werden von dort mit gleichförmiger Geschwindigkeit nach dem Punkt C befördert, in welcher Höhe ist B anzunehmen, oder wie muß AB geneigt sein, damit die ganze Zeit, in welcher die Steine von A nach C gelangen, ein Minimum wird?

Es sei $AD \perp BC$ und $= a$, der W. $DBA = x$, dann ist die Zeit, welche verfließt, bis die Steine von A nach B kommen, wenn von der Reibung abgesehen wird (s. Nr. 6),

$$t = \sqrt{\frac{4a}{g \sin 2x}}.$$

Werden aber die Steine von B nach C mit der gleichförmigen Geschwindigkeit γ in der Zeit t_1 befördert, so ist

$$t_1 = \frac{BC}{\gamma}.$$

Ist nun $CD = b$, so hat man $BC = BD + DC = b + a \cot x$, mithin

$$t_1 = \frac{b + a \cot x}{\gamma}.$$

Es soll aber die ganze Zeit $t + t_1$ ein Minimum werden.

Läßt man also das constante Glied $\frac{b}{\gamma}$ weg, so ist x so zu bestimmen, daß die Function

$$(1) \qquad M = \sqrt{\frac{4a}{g \sin 2x}} + \frac{a \cot x}{\gamma}$$

ein Minimum werde. Daß überhaupt ein Minimum stattfindet, sieht man sogleich, da M ein Maximum wird, wenn $x = 0$ ist, indem dann beide Theile der rechten Seite unendlich werden.

Die Gleichung (1) läßt sich auch auf die Form bringen:

$$M = 2\sqrt{\frac{a}{g}}\left(\sin 2x^{-\frac{1}{2}} + \frac{\sqrt{ag}}{2\gamma} \cot x\right).$$

Läßt man den constanten Factor $2\sqrt{\frac{a}{g}}$ weg, und setzt man noch $\frac{\sqrt{ag}}{2\gamma} = c$, so ist

$$\sin 2x^{-\frac{1}{2}} + c \cot x$$

zu einem Minimum zu machen.

Zu dem Zwecke setzt man nach der gewöhnlichen Methode

$$\sin 2x^{-\frac{1}{2}} + c \cot x = \sin 2x_1^{-\frac{1}{2}} + c \cot x_1$$

oder

$$(2) \qquad \frac{\sqrt{\sin 2x_1} - \sqrt{\sin 2x}}{\sqrt{\sin 2x \sin 2x_1}} + c(\cot x - \cot x_1) = 0.$$

Es ist aber:

$$\sqrt{\sin 2x_1} - \sqrt{\sin 2x} = \frac{\sin 2x_1 - \sin 2x}{\sqrt{\sin 2x} + \sqrt{\sin 2x_1}}$$

$$= \frac{2\sin(x_1 - x)\cos(x + x_1)}{\sqrt{\sin 2x} + \sqrt{\sin 2x_1}}$$

und

$$\cot x - \cot x_1 = \frac{\sin(x_1 - x)}{\sin x \sin x_1}.$$

Führt man diese Werthe in (2) ein, hebt den Faktor $\sin(x_1 - x)$ weg, und setzt dann $x = x_1$, so erhält man für das dem Minimum entsprechende x die Gleichung:

$$(3) \quad \frac{\cos 2x}{\sin 2x^{\frac{3}{2}}} + \frac{c}{\sin x^2} = 0,$$

welche, wenn man sie quadrirt, übergeht in:

$$(3') \quad \frac{\cos 2x^2 \sin x}{\cos x^3} = 8c^2.$$

Führt man endlich noch statt des Sinus und Cosinus die Tangente ein, so erhält man schließlich:

$$(4) \quad \frac{(1 - \operatorname{tg} x^2)^2 \operatorname{tg} x}{1 + \operatorname{tg} x^2} = 8c^2,$$

eine Gleichung, welche für $\operatorname{tg} x$ vom 5ten Grade ist, und mit Hülfe der in Nr. 33 angegebenen Näherungsmethode gelöst werden kann.

Es sei z. B. $8c^2 = 12$, dann geht die Gleichung (3') über in:

$$(5) \quad \left(\frac{\cos 2x}{\cos x}\right)^2 \operatorname{tg} x = 12.$$

Der Natur der Aufgabe gemäß liegt x zwischen 0 und $\frac{1}{2}\pi$. Es ist nun aber, so lange $0 < x < \frac{1}{4}\pi$ bleibt, sowohl $\frac{\cos 2x}{\cos x}$ als auch $\operatorname{tg} x$ stets kleiner als 1. Damit nun Gleichung (5) befriedigt werde, muß $x > \frac{1}{4}\pi$ sein; man setze deshalb $x = \frac{1}{4}\pi + \delta$. Die Gleichung (5) nimmt dann die Form an:

$$(5') \quad \left(\frac{\sin 2\delta}{\cos(\frac{1}{4}\pi + \delta)}\right)^2 \operatorname{tg}(\tfrac{1}{4}\pi + \delta) = 12.$$

Giebt man nun dem δ alle Werthe von 0 bis $\frac{1}{4}\pi$, so wächst $\sin 2\delta$ von 0 bis 1, $\cos(\frac{1}{4}\pi + \delta)$ nimmt aber ab von $\sqrt{\frac{1}{2}}$ bis 0, der

Bruch $\frac{\sin 2\delta}{\cos(\frac{1}{4}\pi+\delta)}$ wird mithin, wenn δ von 0 bis $\frac{1}{4}\pi$ wächst, alle Werthe von 0 bis ∞ durchlaufen. Es muß daher auch ein Werth δ_1 existiren, für welchen derselbe $=1$ wird. Dieser Werth δ_1 wird gefunden durch die Gleichung

$$\frac{\sin 2\delta_1}{\cos(\frac{1}{4}\pi+\delta_1)} = 1 \quad \text{oder}$$

$$\cos(\tfrac{1}{2}\pi-2\delta_1) = \cos(\tfrac{1}{4}\pi+\delta_1),$$

woraus folgt:

$$\delta_1 = \tfrac{1}{12}\pi = 15^0.$$

Da nun $\operatorname{tg}(\frac{1}{4}\pi+\delta_1) = \operatorname{tg}60^0 = \sqrt{3}$ ist, so sieht man, daß, wenn man in (5') $\delta = 15^0$ setzt, die linke Seite der Gleichung kleiner als 12 wird, es muß daher $\delta > 15^0$ sein. Ebenso leicht kann man auch einen Werth δ_2 finden, über welchen hinaus δ nicht mehr liegen kann. Zu dem Ende setze man nur:

$$\operatorname{tg}(\tfrac{1}{4}\pi+\delta_2) = 12 \quad \text{folglich}$$

$$\delta_2 = 40^0\,15'.$$

Der Werth des δ nun, welcher der Gleichung (5') genügt, muß kleiner sein als $40^0\,15'$, indem der Factor $\frac{\sin 2\delta}{\cos(\frac{1}{4}\pi+\delta)}$, mit welchem $\operatorname{tg}(\frac{1}{4}\pi+\delta)$ noch multiplicirt ist, für alle δ, die größer als 15^0 sind, größer als 1 ist. Man hat also jetzt:

$$15^0 < \delta < 40^0\,15'.$$

Nimmt man auf beiden Seiten der Gleichung (5') die Logarithmen, so erhält man:

$$(5'')\quad 2(\log\sin 2\delta - \log\cos(\tfrac{1}{4}\pi+\delta)) + \log\operatorname{tg}(\tfrac{1}{4}\pi+\delta) - \log 12 = 0.$$

Man gebe nun dem δ irgend einen Werth, der zwischen den angegebenen Grenzen liegt, z. B. $\delta = 20^0$, also $2\delta = 40^0$, $\frac{1}{4}\pi+\delta = 65^0$, und setze diese Werthe in (5'') ein.

Es ist

$$\begin{array}{lr}
\log\sin 40^0 & = 9{,}8081 \\
\log\cos 65^0 & = 9{,}6259 \\
\hline
\log\sin 40^0 - \log\cos 65^0 & = 0{,}1822 \\
2(\log\sin 40^0 - \log\cos 65^0) & = 0{,}3644 \\
\log\operatorname{tg} 65^0 & = 0{,}3313 \\
\hline
2(\log\sin 40^0 - \log\cos 65^0) + \log\operatorname{tg} 65^0 & = 0{,}6957 \\
\log 12 & = 1{,}0792.
\end{array}$$

Hieraus erhält man, wenn man die linke Seite der Gleichung (5″) mit d bezeichnet:

$$d = -0{,}3835,$$

woraus man erkennt, daß $\delta > 20^0$ sein muß. Da d noch einen ziemlich großen Werth hat, so ist die Annäherung nicht sehr bedeutend, doch darf man δ deshalb doch nur wenig größer nehmen, da der in der Gleichung (5″) von δ abhängige Theil mit δ ungemein rasch wächst. Setzt man daher $\delta = 25^0$, also $2\delta = 50^0$ und $\frac{1}{4}\pi + \delta = 70^0$, so wird:

$$\begin{array}{lr}
\log\sin 50^0 & = 9{,}8843 \\
\log\cos 70^0 & = 9{,}5341 \\
\hline
\log\sin 50^0 - \log\cos 70^0 & = 0{,}3502 \\
2(\log\sin 50^0 - \log\cos 70^0) & = 0{,}7004 \\
\log\operatorname{tg} 70^0 & = 0{,}4389 \\
\hline
2(\log\sin 50^0 - \log\cos 70^0) + \log\operatorname{tg} 70^0 & = 1{,}1393 \\
\log 12 & = 1{,}0792 \\
\hline
d & = +0{,}0601.
\end{array}$$

Da jetzt d positiv geworden ist, so ist $\delta = 25^0$ zu groß, und man weiß nun, daß der wahre Werth des δ zwischen 20^0 und 25^0 liegen muß, und zwar näher an 25^0, da das für $\delta = 25^0$ gefundene d bedeutend kleiner ist, als das für $\delta = 20^0$ berechnete. Nach der in Nr. 33 angegebenen Methode kann man hieraus einen Werth y interpoliren, der wenn man ihn zu $\delta = 20$ addirt, einen ersten Näherungswerth liefert; man hat dazu nur die Gleichung anzusetzen:

$$\frac{y}{3835} = \frac{5^0}{4436}$$

folglich

$$y = 4^0\,19'.$$

Die Sekunden, die y etwa noch ergeben hätte, sind nicht berücksichtigt, da man doch noch nicht auf die Richtigkeit derselben rechnen kann. Man hat also jetzt den Näherungswerth erhalten:

$$\delta = 24^0\,19'.$$

Mit diesem Werthe hat man dieselbe Rechnung noch einmal durchzuführen, man erhält dann:

$$\begin{array}{lr}
\log\sin 48^\circ 38' & = 9{,}87534 \\
\log\cos 69^\circ 19' & = 9{,}54802 \\
\hline
\log\sin 48^\circ 38' - \log\cos 69^\circ 19' & = 0{,}32732 \\
2(\log\sin 48^\circ 38' - \log\cos 69^\circ 19') & = 0{,}65465 \\
\log \mathrm{tg}\, 69^\circ 19' & = 0{,}42304 \\
\hline
2(\log\sin 48^\circ 38' - \log\cos 69^\circ 19') + \log\mathrm{tg}\, 69^\circ 19' & = 1{,}07769 \\
\log 12 & = 1{,}07918 \\
\hline
d & = -0{,}00149.
\end{array}$$

Aus den Werthen $\delta = 24^\circ 19'$ und $\delta = 25^\circ$ interpolirt man wieder einen Zwischenwerth, man hat nämlich:

$$\frac{y}{149} = \frac{41'}{6159},$$

mithin

$$y = 59'', 5 \quad \text{oder}$$

$$\delta = 24^\circ\, 19'\, 59'', 5.$$

Jetzt hat man mit diesem Werthe die Rechnung zu machen. Man erhält dann:

$$d = -0{,}0000073,$$

und folglich:

$$\frac{y}{73} = \frac{40'\, 0'',5}{601073},$$

also

$$y = 0'', 29 \quad \text{und}$$

$$\delta = 24^\circ\, 19'\, 59'', 79.$$

Der Winkel x wird daher

$$x = 69^\circ\, 19'\, 59'', 79.$$

44. Wenn man in der eben behandelten Aufgabe die Reibung berücksichtigt, so ändert sich nur der Ausdruck für die Zeit t, in welcher die Steine von A nach B gleiten, dieser wird nämlich (s. Nr. 7):

$$t = \sqrt{\frac{2a}{g}}(\sin x \cos x - \sin x^2 \mathrm{tg}\,\alpha)^{-\frac{1}{2}},$$

wo $\mathrm{tg}\,\alpha$ den Reibungscoefficienten bedeutet. Man hat also jetzt x so zu bestimmen, daß

$$M = 2\sqrt{\frac{a}{g}}[(\sin 2x - 2\sin x^2 \mathrm{tg}\,\alpha)^{-\frac{1}{2}} + c \cot x]$$

ein Minimum wird, wenn wieder $c = \frac{\sqrt{ag}}{2\gamma}$ gesetzt wird. Nach der bekannten Methode führt dies auf die Gleichung:

$$\frac{(\cos 2x - \sin 2x \operatorname{tg}\alpha)^2 \sin x^4}{(\sin 2x - 2 \sin x^2 \operatorname{tg}\alpha)^3} = c^2,$$

welche auch leicht die Form annimmt:

$$\frac{\cos(2x+\alpha)^2 \sin x}{\cos(x+\alpha)^3} = 8c^2.$$

Diese Gleichung kann ebenso, wie die vorige durch Näherung gelöst werden. Um die Rechnung auch für diesen Fall durchzuführen, setze man wieder $8c^2 = 12$, und nehme $\alpha = 10^0$, also den Reibungscoefficienten $\operatorname{tg}\alpha = 0{,}176$ nahe gleich $\frac{1}{6}$ an. Dann erhält die obige Gleichung die Form:

$$\frac{\cos(2x+10)^2 \sin x}{\cos(x+\alpha)^3} = 12,$$

oder, wenn man auf beiden Seiten die Logarithmen nimmt:

$$2 \log\cos(2x+10) + \log\sin x - 3 \log\cos(x+\alpha) - \log 12 = 0.$$

Da mit Berücksichtigung der Reibung, x einen nicht sehr verschiedenen Werth von demjenigen annehmen wird, welchen man oben, ohne die Reibung in Rechnung zu ziehen, erhalten hat, so wähle man als ersten Näherungswerth z. B. $x = 60^0$. Da die Differenz d welche sich dann ergiebt, nicht mehr sehr groß ist, so muß x in der Nähe von 60^0 liegen, und man wähle deshalb $x = 62^0$ als zweiten Näherungswerth, zwischen welchen der wahre Werth von x liegen muß. Hiernach ergiebt sich dann folgende Näherungsrechnung, welche ohne weitere Erklärung verständlich ist:

1) $x = 60^0$		2) $x = 62^0$	
$2 \log\cos 130^0 =$	9,61614	$2 \log\cos 134^0 =$	9,68354
$\log\sin 60^0 =$	9,93753	$\log\sin 62^0 =$	9,94593
	9,55367		9,62947
$3 \log\cos 70^0 =$	8,60216	$3 \log\cos 72^0 =$	8,46995
	0,95151		1,15952
$\log 12 =$	1,07918	$\log 12 =$	1,07918
$d =$	$-0{,}12767$	$d =$	$+0{,}08034$

$$y = \frac{128}{208} 2^0 = 1^0\, 13'\, 58''$$

3) $x = 61^\circ 13' 58''$

$$2 \log \cos 132^\circ 27' 56'' = 9{,}6587966$$
$$\log \sin 61^\circ 13' 58'' = 9{,}9427926$$
$$9{,}6015892$$
$$3 \log \cos 71^\circ 13' 58'' = 8{,}5224508$$
$$1{,}0791384$$
$$\log 12 = 1{,}0791812$$
$$d = -0{,}0000428$$

$$y = \frac{428 . 46' 2''}{803828} = 1'',47.$$

4) $x = 61^\circ 13' 59'',47$

$$2 \log \cos 132^\circ 27' 58'',94 = 9{,}6588102$$
$$\log \sin 61^\circ 13' 59'',47 = 9{,}9427943$$
$$9{,}6016045$$
$$3 \log \cos 71^\circ 13' 59'',47 = 8{,}5224235$$
$$1{,}0791810$$
$$\log 12 = 1{,}0791812$$
$$d = -0{,}0000002$$

Der Winkel x ist also gleich $61^\circ 13' 59'',47$, und es ist dieser Werth bis auf $0'',01$ genau, da d bis auf die 7te Decimalstelle verschwindet.

45. Es ist ein Kreis gegeben, dessen Ebene vertikal ist, und in der Ebene desselben ein Punkt B. Von diesem Punkte gleiten Steine auf einer Geraden nach einem Punkte X der Peripherie des Kreises. *Wie ist dieser Punkt zu bestimmen, damit die Zeit, in der die Steine von B nach X gelangen, ein Minimum oder Maximum sei?*

Obgleich die analytische Auflösung bei dieser und der folgenden Aufgabe keine Schwierigkeiten bietet, so ziehen wir doch eine naturgemäßere geometrische Auflösung vor.

Man denke sich einen Hülfskreis (Fig. 29a), dessen Mittelpunkt auf der die Richtung der Schwerkraft angebenden Geraden **BD** liegt, und welcher durch die Punkte B und X geht. Nach einem bekannten Satze der Mechanik *) durchläuft aber ein Atom den vertikalen Durchmesser dieses Kreises in derselben Zeit, wie die Sehne BX. Damit nun die Zeit, in welcher ein Atom den Weg BX zurücklegt, ein Minimum oder Maximum werde, hat man also nur den Punkt X auf dem gegebenen Kreise so zu bestimmen, daß der Durchmesser des Hülfskreises einen kleinsten oder größten Werth erhalte. Offenbar treten aber diese Fälle ein, wenn man den Punkt X so wählt, daß der Hülfskreis und der gegebene Kreis sich in diesem Punkte berühren, und zwar erhält der Hülfskreis den kleinsten Durchmesser, wenn sich in X beide Kreise von außen berühren. Denn alle Kreise, deren Durchmesser noch kleiner wird, haben mit dem gegebenen Kreise

*) Vergl. Schellbach, Neue Elemente der Mechanik §. 48.

keinen Punkt mehr gemein, alle diejenigen aber, welche den gegebenen Kreis in zwei Punkten schneiden, haben einen größeren Durchmesser. Berührt jedoch der Hülfskreis den gegebenen Kreis in einem Punkte X_1, so daß er den gegebenen dabei umschließt, so hat dieser Kreis den größten Durchmesser, wie leicht erhellt. Die Punkte X und X_1 konstruirt man auf folgende Weise. CAE sei ein Durchmesser $\mp$BD, C der obere D der untere Punkt desselben. Zieht man nun die Secante BE, so schneidet diese den Kreis noch einmal in einem Punkte X, und dieser Punkt ist der Berührungspunkt für den Hülfskreis mit kleinstem Durchmesser.

Zum Beweise verlängere man AX, bis es AD in F schneidet, so ist F der Mittelpunkt des Hülfskreises, denn aus der Aehnlichkeit der Dreiecke EAX und BFX folgt FB = FX. Da nun FA, die Centrale der beiden Kreise, gerade so groß wie die Summe ihrer Radien ist, so folgt, daß sich beide Kreise in X von außen berühren. X ist also derjenige Punkt auf der Peripherie des gegebenen Kreises, nach welchem von B aus Steine in kürzester Zeit gelangen. Verbindet man dagegen B mit dem oberen Punkt C des Durchmessers CE, so schneidet die Secante den gegebenen Kreis noch einmal in X_1. Verlängert man X_1A, bis es wieder BD in F_1 schneidet, so ist F_1 der Mittelpunkt des Kreises, welcher durch B und X_1 geht und den gegebenen Kreis in X_1 berührt, wie aus den ähnlichen Dreiecken X_1CA und X_1BF_1 folgt. X_1 ist also derjenige Punkt auf der Peripherie des gegebenen Kreises, für welchen die Zeit, in der Steine von B nach X_1 gelangen, am größten ist.

Die eben angestellten Betrachtungen gelten nur, so lange der Punkt B höher liegt als der höchste Punkt C des Durchmessers CA. Sind aber diese Bedingungen nicht mehr erfüllt und liegt 1) der Punkt B (Fig. 29[b]) tiefer als der höchste Punkt C, aber höher als der tiefste Punkt E, so ziehe man BG senkrecht auf CE. Steine aber, welche auf dieser Geraden gleiten sollen, um nach dem Durchschnittspunkt mit der Peripherie zu gelangen, bleiben in B liegen und bewegen sich gar nicht, hier wird also die Zeit ein Maximum. Nach allen Punkten der Peripherie, welche unterhalb BG liegen, können aber Steine von B aus gleiten und für diese bleibt die Aufgabe ungeändert, nicht mehr aber für die Punkte der Peripherie oberhalb BG; denn da fallen die Steine nach B hin, und man wird nun zu der Frage veranlaßt, wo liegt unter diesen Punkten derjenige, von welchem die Steine ausgehen müssen, damit sie in der kürzesten Zeit nach dem festen Punkt B gelangen. Dieser Punkt wird ebenso bestimmt wie oben. Man verbinde nämlich B mit C, so ist der Durchschnittspunkt X_1 dieser Geraden mit der Peripherie des Kreises der verlangte Punkt, was auf ganz ähnliche Weise wie oben bewiesen wird. Hierauf ist auch der Fall zurückzuführen, wo der Punkt B′ innerhalb der Peripherie des Kreises liegt.

Liegt aber 2) der Punkt B (Fig. 29^c) tiefer als der tiefste Punkt E des Durchmessers CE, so heißt die Aufgabe: auf der Peripherie des Kreises die Punkte zu bestimmen, daß die Zeit, in welcher Steine von ihnen aus nach dem festen Punkt B gelangen, ein Minimum oder Maximum wird. Offenbar erhält man hier den Punkt, der dem Minimum entspricht, wenn man B mit dem oberen Punkt C verbindet, hingegen den Punkt, welcher das Maximum giebt, wenn man B mit dem unteren Punkt E verbindet.

46. Auf der Peripherie zweier Kreise, welche in derselben vertikalen Ebene liegen, zwei Punkte so zu bestimmen, daß Steine, welche auf einer Geraden von dem einen zu dem andern gleiten, dazu die längste oder kürzeste Zeit gebrauchen.

Es seien die Durchmesser CE und C′E′ (Fig. 30) beide gleichgerichtet mit der Schwerkraft. Nimmt man nun auf der Peripherie des Kreises A irgend einen Punkt als Ausgangspunkt der Steine an, so kann man jetzt nach 45. die Punkte auf der Peripherie des anderen Kreises finden, nach welchen die Steine in der kürzesten und längsten Zeit gelangen. Dazu hat man ja nur nöthig, diesen Punkt mit E′ und C′ zu verbinden. Nun weiß man aber auch, daß diejenigen Steine, welche von den Punkten C und E des Kreises A ausgehen, in der kürzesten oder längsten Zeit nach E′ und C′ gelangen.

Verbindet man daher den höchsten und tiefsten Punkt des einen Kreises mit dem höchsten und tiefsten Punkte des andern, so haben diese 4 Geraden mit den beiden Kreisen im Allgemeinen je 4 Durchschnittspunkte gemein, und je zwei auf derselben Geraden liegende

Punkte sind solche, für welche die Zeit, in der Steine von einem zum andern gelangen, einen ausgezeichneten Werth annimmt; man erhält also im Ganzen 16 Punktpaare. Es bleibt nun zu untersuchen, welches von diesen dem absolut kleinsten oder größten Werth der Zeit entspricht. Es seien z. B. X und X′ zwei entsprechende Punkte, so denke man sich wieder den Hülfskreis, welcher durch X und X′ geht, und dessen Mittelpunkt auf einer Geraden liegt, die durch X ⫲ mit CE gezogen ist. Der Mittelpunkt M dieses Kreises wird, wie bekannt, gefunden, wenn man AX′ bis M verlängert; der Durchmesser 2y desselben wird aber in derselben Zeit durchlaufen, wie XX′.

Sind nun die Radien r und ϱ der beiden Kreise A und A′ gegeben, und ist ihre Lage dadurch bestimmt, daß $AK = a$, $A'K = b$ ist, wo $A'K \perp AK$ steht, so läßt sich y auf folgende Weise berechnen. Man hat aus dem $\triangle MXX'$:

$$2y = \frac{XX'}{\cos MX'X}.$$

Da aber $\angle MX'X = \angle X'E'C' = \angle K'CE' = \alpha$ und

$$XX' = \frac{a+r+\varrho}{\cos\alpha} - 2r\cos\alpha - 2\varrho\cos\alpha$$

ist, so folgt:

$$2y = (a+r+\varrho)(1+\operatorname{tg}\alpha^2) - 2r - 2\varrho.$$

Nun ist aber $\operatorname{tg}\alpha = \frac{b}{a+r+\varrho}$, folglich

$$2y = a - r - \varrho + \frac{b^2}{a+r+\varrho}.$$

Berechnet man ebenso die den übrigen Punktpaaren entsprechenden Durchmesser, so überzeugt man sich leicht, daß sämmtliche 16 Durchmesser D in der Formel enthalten sind:

$$D = a \pm r \pm \varrho + \frac{b^2}{a \pm r \pm \varrho}.$$

Hieraus erkennt man, daß der kleinste Durchmesser der oben gefundene ist, welcher zu XX′ gehört; der größte hingegen ist offenbar $= a+r+\varrho+\frac{b^2}{a-r-\varrho}$, welcher, wie man sich leicht überzeugt, zu YY′ gehört.

Führt man noch die Bedingung ein, daß die Sehnen der Kreise nicht durchfallen werden sollen, so bleibt das Minimum dasselbe XX', das Maximum aber ist EC'. Unter dieser Bedingung brauchen also die Steine, wenn sie vom tiefsten Punkt des oberen Kreises zum höchsten Punkt des unteren gleiten, die längste Zeit.

§. 3.

Physikalische Aufgaben.

47. Es sei AB (Fig. 31) die Trennungsfläche zweier Medien. Die Geschwindigkeit eines Lichtatomes im ersteren derselben sei $= g$, die im zweiten $= g'$. Wie muß sich nun ein Lichtatom von dem willkürlich im ersten Mittel angenommenen Punkte C nach dem Punkte D im zweiten Medium bewegen, damit es diesen Weg in der kürzesten Zeit zurücklege.

Es ist zunächst klar, daß sich das Atom, so lange es sich in einem der beiden Mittel befindet, in gerader Linie bewegen muß, da bei einer constanten Geschwindigkeit die gerade Linie immer der kürzeste Weg zwischen zwei Punkten ist. Deshalb bleibt nur der Punkt X zu bestimmen, in welchem die Trennungsfläche AB vom Lichtstrahle getroffen wird. DF, HG und CE seien Normalen zu derselben. Man setze den Winkel $EXG = \alpha$ und $HXD = \beta$. EF sei $= c$, $CE = a$ und $DF = b$. Bezeichnet man ferner die unabhängig veränderlichen Größen CX mit x und DX mit y, so erhält man für die Zeit M, welche ein Minimum werden soll, die Gleichung:

$$\frac{x}{g} + \frac{y}{g'} = M.$$

Außerdem hat man zwischen x und y die Bedingung:

$$\sqrt{x^2 - a^2} + \sqrt{y^2 - b^2} = c.$$

Dies System von Gleichungen nun stimmt mit dem in Nr. 33 behandelten völlig überein, wie denn überhaupt das vorliegende Problem mit dem dort behandelten identisch wäre, wenn C und D auf derselben Seite von AB lägen. Man findet also hier wie dort dasselbe Resultat:

$$\frac{\sin\alpha}{\sin\beta} = \frac{g}{g'}.$$

Der Lichtstrahl muß also, um in der kürzesten Zeit von C nach D zu gelangen, so gebrochen werden, wie es nach dem bekannten Brechungsgesetze in der That geschieht.

48. Rechtläufigkeit, Rückläufigkeit und Stillstand der Planeten. Unter der Annahme, daß die Planeten sich in Kreisen bewegen, die in derselben Ebene liegen und deren gemeinschaftlicher Mittelpunkt die Sonne S ist (Fig. 32), sei EE_1 die Bahn der Erde und MM_1 die irgend eines der äußeren Planeten, wie des Mars oder des Jupiter. Der Radius der ersteren SE sei $= r$ und der der letzteren $SM = \varrho$. Wir betrachten ferner die Zeit als die unabhängig Veränderliche und zählen dieselbe von dem Augenblicke an, wo beide Planeten in E und M in Conjunction mit der Sonne stehen.

Bewegen sich nun beide mit gleichförmiger Geschwindigkeit und ist die Umlaufszeit von $E = e$ die von $M = m$ Sekunden, so werden die entsprechenden Winkelgeschwindigkeiten, d. h. die in einer Sekunde durchlaufenen Bogen resp. $\varepsilon = \frac{2\pi}{e}$ und $\mu = \frac{2\pi}{m}$ sein. Hat sich also nach Verlauf von t Sekunden E nach E_1 und M nach M_1 bewegt, so erscheint der Planet M von E_1 aus gesehen in der Richtung E_1M_1 oder im Punkte I_1. Der Winkel IHI_1 sei $= \alpha$. Man erhält dann:

$$\text{Winkel } E_1SE = \varepsilon t \quad \text{und}$$
$$\text{Winkel } M_1SM = \mu t.$$

Folglich ist der Winkel

$$M_1E_1S = \pi - (\alpha + \varepsilon t) \quad \text{und}$$
$$E_1M_1S = \alpha + \mu t.$$

Man erhält demnach aus dem Dreiecke E_1M_1S die Gleichung:

$$(1) \quad r \sin(\alpha + \varepsilon t) = \varrho \sin(\alpha + \mu t).$$

Da aber der Winkel α die Entfernung des Planeten I_1 von seiner ursprünglichen Stellung I mißt, so kann man mit Hülfe dieser Gleichung leicht die Zeit t_1 finden, in der der Planet wieder in demselben Punkte I_1 erscheint. Man löse zu diesem Zwecke dieselbe nur nach t auf, indem man annimmt, daß α eine gegebene constante Größe ist. Es sind dann die unendlich vielen Wurzeln t der obigen

Gleichung sämmtliche Zeitmomente, in welchen der Planet in dem durch α bestimmten Punkte I steht.

Während nun im Allgemeinen (1) eine transscendente Gleichung ist, läßt sie sich doch für den Fall, daß ε und μ rationale Größen sind, auf eine algebraische zurückführen. Die Auflösung derselben, wenn man z. B. $\varepsilon = 3$ und $\mu = 2$ oder gleich anderen kleinen Zahlen setzt, ist für Schüler eine besonders nützliche und empfehlenswerthe Uebung. Sind hingegen ε und μ irrationale Größen, so bringe man (1) in die Form:

$$\log\sin(\alpha+\varepsilon t) - \log\sin(\alpha+\mu t) = \log\frac{\varrho}{r}$$

und löse sie alsdann mit Hülfe unserer Näherungsmethode für gegebene numerische Werthe von α, ε, μ und $\frac{\varrho}{r}$ auf.

Man sieht ferner leicht ein, daß es Maxima und Minima des Winkels α wenigstens unter gewissen Bedingungen giebt, welche aber in unserem Planetensysteme immer erfüllt sind.

Wächst nämlich α, so bewegt sich der Planet scheinbar von I nach I_1, er ist also rückläufig. Da aber α von einem bestimmten Werthe an wieder kleiner wird, so muß der Planet wieder rechtläufig werden, d. h. sich in der Richtung von I_1 nach I bewegen. Weil nun α, wie überhaupt jede Funktion, in der Nähe seines größten Werthes eine Zeit lang nahezu dasselbe bleibt, so wird der Planet, bevor er aus der einen Bewegung in die andere übergeht, still zu stehen scheinen. Ebenso ist klar, daß, wenn man α von I_1 nach I hin negativ zählt, dieser Winkel auch ein Minimum werden kann. Ein solcher kleinster Werth und ihm entsprechend ein Stillstand des Planeten wird nämlich stets Statt finden, wenn der letztere, nachdem er erst rechtläufig war, rückläufig wird.

Es ist nun unsere Aufgabe die Zeiten dieses Stillstandes oder die Maxima und Minima des Winkels α zu bestimmen.

Sind nun t und t_1 zwei Zeitpunkte, für welche α dasselbe ist, so hat man nach (1) die beiden Gleichungen:

$$r\sin(\alpha+\varepsilon t) = \varrho\sin(\alpha+\mu t) \quad \text{und}$$
$$r\sin(\alpha+\varepsilon t_1) = \varrho\sin(\alpha+\mu t_1).$$

Durch Subtraction erhält man aber:

$$2r\sin\left(\varepsilon\frac{t-t_1}{2}\right)\cos\left(\alpha+\varepsilon\frac{t+t_1}{2}\right)=2\varrho\sin\left(\mu\frac{t-t_1}{2}\right)\cos\left(\alpha+\mu\frac{t+t_1}{2}\right).$$

Läßt man also t nach t_1 convergiren, so gehen die Sinus in ihre Bogen über und man erhält, wenn man $t=t_1$ setzt:

$$(1') \qquad \varepsilon r\cos(\alpha+\varepsilon t)=\varrho\mu\cos(\alpha+\mu t).$$

Aus dieser Gleichung und aus (1) sind nun α und t zu berechnen. Man findet aber aus (1):

$$\operatorname{tg}\alpha=\frac{\varrho\sin\mu t-r\sin\varepsilon t}{r\cos\varepsilon t-\varrho\cos\mu t}.$$

Also, wenn man diesen Werth in (1′) substituirt:

$$r\varrho(\varepsilon+\mu)\cos((\mu-\varepsilon)t)=\varepsilon r^2+\mu\varrho^2$$

oder, wenn man für ε und μ wieder ihre Werthe einsetzt:

$$(2) \qquad \cos 2\pi\left(\frac{1}{e}-\frac{1}{m}\right)t=\frac{mr^2+e\varrho^2}{r\varrho(m+e)}.$$

Setzt man ferner:

$$r=\nu.\varrho \quad \text{und} \quad e=n.m,$$

so nimmt die Gleichung (2) die folgende Gestalt an:

$$\cos\frac{2\pi}{e}(1-n)t=\frac{n+\nu^2}{\nu+n\nu}.$$

Soll diese Gleichung überhaupt eine reale Wurzel haben, so muß

$$\frac{n+\nu^2}{\nu+n\nu}<1,$$

oder der Nenner größer als der Zähler sein. Mithin

$$(n-\nu)(1-\nu)<0.$$

Da aber nach der Voraussetzung unserer Aufgabe ν ein echter Bruch, also $1-\nu$ positiv ist, so muß

$$\nu>n$$

sein. Es ist also ein Stillstand nur dann möglich, wenn

$$\frac{r}{\varrho}>\frac{e}{m}$$

ist, eine Ungleichheit, die für sämmtliche äußere Planeten in der That erfüllt ist. Setzt man demnach:

$$(3) \qquad \frac{n+\nu^2}{\nu+n\nu}=\cos\delta,$$

wo δ zwischen 0 und $\frac{1}{2}\pi$ liegen mag, so erhält man:

$$\frac{2\pi}{e}(1-n)t = 2k\pi \pm \delta$$

oder

$$t = \frac{ke}{1-n} \pm \frac{\delta e}{2\pi(1-n)}.$$

Die Wurzel t hat mithin unendlich viele Werthe, da k jede positive und negative ganze Zahl sein kann.

Man könnte die letzte Gleichung übrigens auch dazu benutzen, aus der bekannten Zeit t und aus n das Verhältniß der Entfernungen beider Planeten aufzufinden.

Gebraucht z. B. der Uranus um aus seiner Opposition mit der Sonne zu seinem Stillstandspunkte zu gelangen, 75,85 Tage, so findet man, da $k = 0$ gesetzt werden muß, und das Verhältniß n der Umlaufszeiten $= 365,256:30686,820 = 0,01190$ ist:

$$\delta = 73^0\,52'.$$

Setzt man aber diesen Werth in (3) ein, so erhält man:

$$\nu = 0,051902.$$

Daraus findet man aber die Entfernung des Uranus von der Erde

$$= 19,26\,r,$$

wenn man wie oben unter r den Radius der Erdbahn versteht.

Die wahre Entfernung des Uranus ist aber

$$= 19,18273\,r,$$

so daß wir durch unsre Rechnung in der That einen sehr angenäherten Werth erhalten haben.

49. Brechung des Lichtes in einer Kugel. Theorie des Regenbogens.

Fällt ein Lichtstrahl auf eine Kugel, so bleibt er bei allen Brechungen und Reflexionen, welche er durch dieselbe erleidet, doch stets in einer Ebene, welche durch seine ursprüngliche Richtung und den Mittelpunkt der Kugel gelegt wird. Es sei nun AB′BB″ (Fig. 33) ein größter Kreis der brechenden Kugel mit dem Mittelpunkte O und SA ein einfallender Lichtstrahl, der in der Ebene jenes Kreises liegt. Derselbe wird im Punkte A durch die Kugel in zwei Theile zerlegt, von denen der erstere AR reflectirt wird, während der andere AB in die Kugel selbst eindringt. Verfolgen wir nun nur den letzteren weiter. Derselbe wird in dem Punkte B abermals in zwei Lichtstrahlen zerlegt, von denen wir aber nur den in das Innere der Kugel nach dem Punkte B' zurückgeworfenen betrachten wollen. In B' wird wieder ein Strahl gebrochen die Kugel verlassen, während ein anderer weiter nach B'' reflectirt wird, sich dort wieder in zwei andere spaltet u. s. w.

Betrachten wir zunächst nur den in B reflectirten und in B' die Kugel verlassenden Strahl B'S'. Derselbe bildet mit SA einen Winkel M, welcher die Ablenkung des gebrochenen Strahles von der ursprünglichen Richtung des einfallenden darstellt und welcher von dem Eintrittswinkel SAN, den wir mit x bezeichnen wollen, abhängig ist. Die Ablenkung M nun wird für einen bestimmten Werth von x ein Minimum. Ist nämlich $x = 0$, so wird $M = 2\pi$, wächst aber x, so nimmt M ab, so daß der erste ausgezeichnete Werth, den M annimmt, und welchen die folgende Rechnung finden lehrt, einem Minimum entsprechen muß. Ganz analog zeigt sich, daß die Ablenkung des in B'' heraustretenden, also zweimal im Innern der Kugel reflectirten Strahles ein Maximum werden kann, da für $x = 0$, die Ablenkung ebenfalls verschwindet. Ueberhaupt sieht man, daß bei m Mal, d. h. beliebig oft reflectirten Strahlen die Ablenkung ein Minimum wird, wenn m ungerade, dagegen ein Maximum besitzt, wenn m gerade ist.

Suchen wir also allgemein den Einfallswinkel x, für welchen die Ablenkung eines Strahles SA nach m Reflexionen im Innern einer Kugel vom Brechungsexponenten n ihre ausgezeichneten Werthe annimmt.

Bezeichnet man den einem beliebigen Einfallswinkel x entsprechenden Brechungswinkel MAB mit u, so erhält man, da bei der ersten und letzten Brechung die Ablenkung $= x - u$ und bei jeder inneren Reflexion $= \pi - 2u$ ist, als Größe der Gesammtablenkung:

$$(1) \quad M = m\pi - 2(m+1)u + 2x$$

Die Winkel x und u sind noch durch die Bedingungsgleichung mit einander verbunden:

$$(2) \quad \sin x = n \sin u.$$

Sind also u_1 und x_1 ein zweites Winkelpaar für welches M denselben

Werth behält, so ergiebt sich ebenso:

$$M = m\pi - 2(m+1)u_1 + 2x_1 \quad \text{und}$$

$$\sin x_1 = n \sin u_1,$$

oder durch Subtraction:

$$x - x_1 = (m+1)(u - u_1) \quad \text{und}$$

$$\sin\tfrac{1}{2}(x - x_1)\cos\tfrac{1}{2}(x + x_1) = n \sin\tfrac{1}{2}(u - u_1)\cos\tfrac{1}{2}(u + u_1).$$

Nimmt man also $x - x_1$ so klein an, daß die Sinus durch ihre Bogen ersetzt werden können, und eliminirt alsdann $x - x_1$ und $u - u_1$, so findet man, nachdem man $x = x_1$, also auch $u = u_1$ gesetzt hat:

$$(m+1)\cos x = n \cos u.$$

Eliminirt man ferner $\cos u$ mit Hülfe von (2), so ergiebt sich:

$$(3) \quad \sin x = \pm \sqrt{\frac{(m+1)^2 - n^2}{m(m+2)}}$$

und folglich

$$\sin u = \pm \sqrt{\frac{(m+1)^2 - n^2}{m(m+2)n^2}}.$$

Es sind hierbei die doppelten Vorzeichen zu berücksichtigen, da der Strahl SA offenbar zu beiden Seiten der Normale liegen kann.

Setzt man nun voraus, daß ein System paralleler Lichtstrahlen auf eine Kugel auffalle, so sind die Einfallswinkel bei den einzelnen Strahlen verschieden und zwar werden sie von $-\tfrac{1}{2}\pi$ bis $+\tfrac{1}{2}\pi$ variiren. Demgemäß muß also auch die Ablenkung eines jeden Strahles nach m inneren Reflexionen eine andere sein, so daß ein System nicht paralleler Lichtstrahlen aus der Kugel herausfährt. Für alle Nachbarstrahlen desjenigen Strahles aber, welcher mit der Kugelnormale den dem Minimum oder Maximum der Ablenkung entsprechenden Winkel x bildet, ist der Winkel M nahezu derselbe, da jede Funktion in der Nähe ihrer größten und kleinsten Werthe sich nur wenig verändert, wie aus den einleitenden Betrachtungen am Anfange dieses Kapitels leicht hergeleitet werden kann. Es wird also an den beiden diesen ausgezeichneten Strahlen entsprechenden Stellen ein Büschel paralleler Strahlen die Kugel verlassen.

Construirt man ferner die Brennkurve, deren Entstehung durch den Durchschnitt je zweier benachbarten ausfahrenden Strahlen veranlaßt wird, so hat dieselbe auf den beiden den ausgezeichneten

Werthen von M entsprechenden Strahlen Punkte im Unendlichen, so daß diese Strahlen Asymptoten der Curve sind. Auch ist geometrisch leicht nachzuweisen, daß sämmtliche Strahlen wenigstens in einiger Entfernung von der Kugel zwischen diesen beiden Asymptoten hinfahren und den Raum zwischen ihnen ausfüllen.

Die „Darstellende Optik“ von Engel und Schellbach. Berlin 1856. 4°, giebt eine klare Anschauung dieser Curve.

Läßt man diese Brennlinie um den den einfallenden Strahlen parallelen Kugeldurchmesser rotiren, so erhält man eine Brennfläche mit einem Asymptotenkegel, welcher von den beiden am wenigsten abgelenkten Strahlen gebildet wird, und in welchem Lichtstrahlen besonders stark zusammengedrängt sind.

Ein Auge also, das sich im Mantel dieses Asymptotenkegels befindet, wird von der Kugel einen starken Lichteindruck empfangen, da es von parallelen und zusammengedrängten Strahlen getroffen wird. Im Innern des Kegels hingegen, wird es nur divergirende Strahlen erhalten, welche nur einen schwachen Eindruck hervorzubringen vermögen, während es außerhalb des Kegels ganz dunkel ist.

Man hat nun von den soeben dargestellten Eigenschaften der Kugel eine Anwendung auf die Erklärung des Regenbogens gemacht. Der Mittelpunkt der Sonne befinde sich (Fig. 34) in S. Ein Beobachter stehe in A, R sei ein in der Luft befindlicher Wassertropfen. Wegen der großen Entfernung der Sonne kann man alsdann annehmen, daß ihre Strahlen in einer zu SA parallelen Richtung auf R einfallen und alsdann nach den im Obigen gefundenen Gesetzen gebrochen werden.

Betrachten wir zunächst das System der äußersten rothen Strahlen, für welches $n = \frac{4}{3}$ ist, und welches nach einer inneren Reflexion die Kugel verläßt, so wird das Minimum der Ablenkung durch die Gleichung bestimmt:

$$\sin x = \pm\sqrt{\tfrac{1}{3}(4 - (\tfrac{4}{3})^2)}.$$

$$\text{also} \quad x = 59^\circ 23'$$

$$\text{und} \quad M = 42^\circ 4'.$$

Für die äußersten violetten Strahlen des Sonnenlichtes aber ist

$$n = 1{,}345$$

und demnach das kleinste

$$M = 40^\circ 16'.$$

Ist also EA einer der aus dem Tropfen ausfahrenden Strahlen, welcher das Auge A trifft, so ist der Winkel S'CA = CAB, die Ablenkung der einfallenden Strahlen S'C. Sendete nun die Sonne nur rothes Licht aus, und stände der Tropfen so, daß CAB = 42° 4' wäre, so befände sich das Auge im Mantel des mit rothen Strahlen erfüllten Asymptotenkegels und würde also einen lebhaften rothen Lichteindruck empfangen. Stände der Tropfen indessen höher, so erhielte es gar kein Licht mehr, während es bei jedem kleineren Winkel CAB nur eine schwache Färbung wahrnehmen könnte.

Denken wir uns jetzt die ganze Atmosphäre mit Tropfen erfüllt, so werden alle Tropfen R, für welche die Linie RA mit der Linie AB einen Winkel von 42° 4' bildet, lebhaft erhellt erscheinen, so daß man einen rothen leuchtenden Kreis erblicken würde, der durch den Durchschnitt des Himmelsgewölbes und eines Kegels entsteht, welcher seine Spitze im Auge des Beobachters hat, dessen Axe AB ist, und dessen Seiten mit dieser Axe einen Winkel von 42° 4' bilden. Innerhalb dieses Kreises erscheint der Himmel weniger hell, während es außerhalb ganz dunkel ist.

Da aber die Sonne nicht ein leuchtender Punkt ist, sondern eine Scheibe von 32' Durchmesser, deren jeder Punkt selbstleuchtend ist, so erblickt man nicht einen Kreis, sondern einen rothen Ring, dessen Breite ebenfalls 32' betragen muß, wie man sich leicht durch Wiederholung der angestellten Betrachtungen für die äußersten Punkte der Sonnendurchmesser überzeugt.

Da ferner die Sonne nicht nur rothes Licht sondern Strahlen aller Farben aussendet, deren Brechungsexponent immer größer wird, je mehr man sich der violetten Grenze des Spektrums nähert, so wird man eine Reihe gleichbreiter concentrischer farbiger Zonen wahrnehmen, die theilweise übereinander fallen, und deren Durchmesser immer kleiner werden, je größer der Brechungscoëfficient wird. Wie schon oben berechnet, wird der innerste violette Kreis einen mittleren Durchmesser von 40° 16' haben. Das Innere dieser farbigen Kreiszone erscheint in einem trüben Weiß, während die äußere Umgebung merklich dunkler ist. Die ganze Breite des Regenbogens ist aber nach dem Obigen $= 2^{\circ} 18'$. Sorgfältig angestellte Messungen geben übrigens den scheinbaren Halbmesser des Regenbogens fast um einen halben Grad kleiner, als den Winkel, den die Asymptoten der Brennlinie mit den einfallenden Strahlen bilden, und Airy hat diese Erscheinung nach der Undulationstheorie dadurch genügend erklärt, daß die größte Intensität des Lichtes der Brennlinien nicht genau in die Asymptoten derselben fällt.

Wenn die Sonne im Horizonte steht, wird der Regenbogen als Halbkreis erscheinen, da die Axe des Kegels, durch dessen Mantel er gebildet wird, die Wolkendecke gerade im Horizonte trifft. Hat sich aber die Sonne mehr als $42\frac{1}{2}^{\circ}$ über den Horizont erhoben, so kann der erste so eben hergeleitete Regenbogen überhaupt nicht mehr wahrgenommen werden.

Auf hohen Bergen, wo man zuweilen eine Regenwolke unter sich hat, findet diese Beschränkung natürlich nicht Statt, sondern man hat dort Regenbogen, die selbst einen ganzen Kreis umfaßten, bei viel größeren Höhen der Sonne beobachtet.

Tritt an die Stelle der Regenwand eine mit Thautropfen überdeckte Wiese, so kann auf derselben ebenfalls ein Regenbogen von derselben Beschaffenheit wie der soeben besprochene entstehen. Seine Gestalt wird aber bei einem niedrigen Stande der Sonne eine hyperbolische sein, da er durch einen schiefen Schnitt mit dem obigen Kegel, dessen Axe AB ist, hervorgebracht wird.

Bekanntlich zeigt sich über dem dunkleren Raume, welcher den ersten Regenbogen umgiebt, ein zweiter aber matterer und breiterer Bogen, dessen Farben in umgekehrter Ordnung auf einander folgen, so daß er immer mit der rothen Farbe beginnt und nach außen mit der violetten endigt. Derselbe erklärt sich mit allen seinen Eigenschaften aus den Strahlen, welche auf die untere Hälfte der Regentropfen auffallen (während der erstere durch Licht entstand, das in dem oberen Theil derselben eindrang) und nach einer zweimaligen inneren Reflexion die Kugel im Punkte B'' verlassen. Der kleinste Winkel **RAB** ist für rothe Strahlen in diesem Falle $= 50^{\circ} 59'$ und für die violetten $= 54^{\circ} 10'$. Berücksichtigen wir noch den Durchmesser der Sonnenscheibe, so hat der ganze Ring eine Breite von $3^{\circ} 43'$. Die zwischen beiden Bogen liegenden Tropfen senden überhaupt dem Auge kein gebrochenes Licht zu, so daß der entsprechende Theil des Himmels merklich dunkler erscheint. Wären nun die Sonnenstrahlen intensiv genug, um durch die vielen Reflexionen und Brechungen nicht bald geschwächt zu werden, so würden noch mehrere Regenbogen entstehen durch Strahlen, welche mehr als zwei Mal im Innern der Kugel reflectirt werden. Bei drei Reflexionen würde z. B. ein Regenbogen entstehen, welcher die Sonne in einer Entfernung von 37° mit einem rothen Ringe umgiebt, und in einer Entfernung von 42° mit dem violetten Theile endigt, also eine Breite von 5° besitzt. Wegen seiner Breite und Lichtschwäche und besonders wegen der großen Nähe der Sonne ist er aber nur selten beobachtet, wenn auch alle Bedingungen zu seinem Entstehen vorhanden waren.

Die durch Interferenz entstehenden secundären Farbenringe, welche die Bogen in ihren oberen Theilen häufig begleiten, übergehen wir, da ihre eingehende Besprechung uns zu weit vom Zwecke dieses Buches entfernen würde.

Daß übrigens der Mond, ebenso wie die Sonne Regenbogen erzeugen kann, ist nach dem Obigen selbst verständlich.

50. Brechung des Lichtes in einem Prisma, Theorie der Höfe, Nebensonnen und Nebenmonde.

Wir betrachten im Folgenden zunächst nur solche Strahlen, welche senkrecht zur Axe eines brechenden Prisma auffallen, da für beliebig einfallende Strahlen einerseits die Rechnungen, welche uns ihre Ablenkungen liefern, länger und verwickelter werden, und andererseits, zur Erklärung der Mond- und Sonnenhöfe wenigstens, nur senkrecht auffallendes Licht erforderlich ist.

Es sei Fig. 35 BAC der Durchschnitt eines Prisma senkrecht zu seinen Kanten, der Winkel $BAC = \alpha$, und EN und E'N' Normalen zu den Flächen BA und AC. Der in der Ebene des senkrechten Durchschnittes einfallende Lichtstrahl SE, dessen Einfallswinkel $= x$ ist, tritt unter dem Brechungswinkel u in das Prisma ein und schneidet im Punkte E' die andere Grenzfläche. Er wird alsdann, nach E'S' gebrochen, das Prisma verlassen, indem er mit E'N' einen Winkel $S'E'N' = y$ bildet. Durch diese doppelte Brechung nun erleidet der Strahl eine Ablenkung von seiner ursprünglichen Richtung, welche durch den Winkel $SO\sigma = \varphi$ gemessen wird.

Es soll nun der Einfallswinkel x gefunden werden, für welchen diese Ablenkung ein Minimum wird.

Bezeichnet man zu diesem Zwecke den Brechungscoëfficienten des Prisma mit n, so hat man die Gleichungen:

$$(1) \quad \sin x = n \sin u \quad \text{und}$$

$$(2) \quad \sin y = n \sin v.$$

Es ist aber die Ablenkung

$$\varphi = x - u + y - v,$$

oder, da $u+v$ immer $= \alpha$ ist:

$$(3) \quad \varphi + \alpha = x + y.$$

Durch Subtraction und Addition von (1) und (2) erhält man aber:

$$\sin x - \sin y = n(\sin u - \sin v) \quad \text{und}$$

$$\sin x + \sin y = n(\sin u + \sin v) \quad \text{oder}$$

$$\cos \tfrac{1}{2}(x+y) \sin \tfrac{1}{2}(x-y) = n \cos \tfrac{1}{2}(u+v) \sin \tfrac{1}{2}(u-v) \quad \text{und}$$

$$\sin \tfrac{1}{2}(x+y) \cos \tfrac{1}{2}(x-y) = n \sin \tfrac{1}{2}(u+v) \cos \tfrac{1}{2}(u-v).$$

Folglich, wenn man für $x+y$ und $u+v$ die obigen Werthe substituirt:

$$(4) \quad \sin \tfrac{1}{2}(x-y) = n \cos \tfrac{1}{2}\alpha \cdot \frac{\sin \frac{1}{2}(u-v)}{\cos \frac{1}{2}(\varphi+\alpha)} \quad \text{und}$$

$$(5) \quad \sin \tfrac{1}{2}(\varphi+\alpha) = n \sin \tfrac{1}{2}\alpha \cdot \frac{\cos \frac{1}{2}(u-v)}{\cos \frac{1}{2}(x-y)}.$$

Sämmtliche in diesen Gleichungen vorkommende Winkel liegen nun im ersten Quadranten, da $\frac{1}{2}(\varphi+\alpha) = \frac{1}{2}(x+y) < \frac{1}{2}\pi$ ist. Nun ändert sich $\varphi+\alpha$ also auch φ, da α constant ist, nur, wenn sich $\frac{\cos \frac{1}{2}(u-v)}{\cos \frac{1}{2}(x-y)}$ ändert. Aus der Gleichung (4) aber folgt, daß $\frac{1}{2}(x-y) > \frac{1}{2}(u-v)$ sein muß, da $\frac{\sin \frac{1}{2}(x-y)}{\sin \frac{1}{2}(u-v)} > 1$ ist. Mithin ist auch $\frac{\cos \frac{1}{2}(u-v)}{\cos \frac{1}{2}(x-y)} >$ oder wenigstens $= 1$. Für den kleinsten Werth also, den φ annehmen kann, muß dieser Bruch $= 1$ sein, also

$$u = v \quad \text{und} \quad x = y.$$

Ist folglich der Einfallswinkel x gleich dem Austrittswinkel y, so wird die Ablenkung φ ein Minimum.

Ganz dasselbe Resultat hätte man auch erhalten, wenn man die gewöhnliche Methode angewandt hätte. Man hat nämlich die beiden Gleichungen zu behandeln:

$$\varphi + \alpha = x + y$$

und die Bedingungsgleichung zwischen x und y

$$\sin\alpha\sqrt{n^2 - \sin^2 x} - \cos\alpha \sin x = \sin y,$$

aus denen sich nach einer Rechnung, die durchaus keine Schwierigkeiten darbietet,

$$\sin x = n \sin \tfrac{1}{2}\alpha$$

und ebenso

$$\sin y = n \sin \tfrac{1}{2}\alpha$$

ergiebt.

Da aber $\sin x$ immer kleiner als 1 sein muß, so hat x nur einen reellen Werth, wenn $n \sin \frac{1}{2}\alpha < 1$ ist. Es würde also kein Minimum der Ablenkung existiren, wenn diese Bedingung nicht erfüllt wäre. Hat man α gemessen und durch eine Beobachtung des Minimums φ den Winkel x gefunden, so kann man aus diesen Gleichungen sehr genau den Brechungsexponenten n berechnen.

Nähme man nun allgemeiner an, daß der einfallende Strahl einen Winkel h mit der Ebene ABC bildet, und daß man das Prisma so um seine zu ABC vertikale Axe drehen soll, daß die Ablenkung dieses Strahles ein Minimum werde, so wird die Rechnung ungleich complicirter, wenngleich sie sich in aller Strenge durchführen läßt.

Wir bestimmen die Richtungen der betrachteten Strahlen so, daß wir durch das Auge des Beobachters Parallelen mit diesen Strahlen legen und die Punkte bestimmen, in welchen diese Parallelen das Himmelsgewölbe schneiden. Nehmen wir also an, daß die Axe eines brechenden Prisma senkrecht zum Horizonte stehe, so mögen (Fig. 36) die Normalen seiner beiden brechenden Flächen den Horizont HO in N und N' schneiden. Ferner sei S ein leuchtender Punkt der Himmelskugel, welcher in der Richtung SM Strahlen auf das Prisma sendet, und dessen Höhe SK über dem Horizonte h Grad betragen mag. Alsdann mißt der Bogen eines größten Kreises der Himmelskugel SN = x, den Winkel SMN, welchen dieser Strahl mit der Normale MN der ersten brechenden Ebene bildet. Der gebrochen in das Prisma eindringende Strahl schneide rückwärts verlängert die Himmelskugel in S'. Es muß dann S' auf dem größten Kreise SN liegen, weil der gebrochene Strahl in derselben Normalebene NMS wie der einfallende bleibt. Der Brechungswinkel S'MN, oder der Bogen NS' sei $= u$. Alsdann ist S'MN' oder der Bogen $S'N' = v$ der Winkel, welchen derselbe Strahl mit der Normale der zweiten brechenden Ebene des Prisma bildet. Dieser Strahl wird nun durch diese Fläche abermals gebrochen und tritt aus dem Prisma heraus, indem er rückwärts verlängert die Himmelskugel in S'' schneidet, so daß S'' auf dem größten Kreise N'S' liegen muß, da der Strahl in der Ebene S'MN' bleibt. Offenbar muß alsdann $N'S'' = y > N'S'$ sein, da der Brechungsexponent $n > 1$ ist. Setzt man noch den Winkel $SNN' = \psi$, $NS'N' = \vartheta$, den bekannten Bogen $N'N = \alpha$ und die Gesammtablenkung SMS'' des einfallenden Strahles von seiner ursprünglichen Richtung, oder den Bogen $SS'' = \varphi$, so erhält man die folgenden Gleichungen:

$$(1) \quad \sin u = \frac{1}{n} \sin x,$$

$$(2) \quad \cos v = \cos\alpha \cos u + \sin\alpha \sin u \cos\psi,$$

$$(3) \quad \sin h = \sin x \sin\psi,$$

$$(4) \quad \sin y = n \sin v,$$

$$(5) \quad \sin\vartheta = \sin\alpha \sin\psi : \sin v,$$ und endlich

$$(6) \quad \cos\varphi = \cos(x-u)\cos(y-v) + \sin(x-u)\sin(y-v)\cos\vartheta.$$

Mit Hülfe dieser Gleichungen läßt sich die Ablenkung φ allmählig aus dem Winkel x berechnen, indem man erst u, dann ψ, v, y, ϑ und schließlich φ selbst findet. Es kommt nun darauf an, x so zu bestimmen, daß φ ein Minimum wird.

Versteht man also unter x_1, u_1, y_1, v_1, ψ_1, ϑ_1 ein zweites System von Winkeln, für welches φ dasselbe bleibt, so erhält man sechs ähnliche Gleichungen. Subtrahirt man aber die entsprechenden, sondert dann die Differenzen $x-x_1$, $u-u_1$, $v-v_1$ ab, eliminirt sie und setzt endlich $x=x_1$, $u=u_1$ u. s. w., so erhält man eine Gleichung, welche in Gemeinschaft mit den fünf ersten Gleichungen die sechs Unbekannten x, u, v, y, ϑ und ψ bestimmt, wobei man sich mit Vortheil der Formel

$$\sin v \cos\vartheta = \cos\alpha \sin u - \sin\alpha \cos u \cos\psi$$

bedient.

Um aber die dabei unvermeidlichen langwierigen Rechnungen zu umgehen, schlagen wir den folgenden Weg ein.

Wäre SS'' ein Minimum der Ablenkung, so wäre es auch ein solches für einen Lichtstrahl, welcher von dem S'' diametral entgegengesetzten Punkte ausgeht, und nach S gebrochen wird. Da aber in Beziehung auf den Horizont alles symmetrisch ist, und auch nur ein Minimum vorhanden sein kann, so muß nach dieser Symmetrie für das Minimum

$$x = y \quad \text{und} \quad u = v$$

sein. Ebenso müssen die Höhen SK und S''K'' dieselben sein. Substituirt man aber diese Werthe in die obigen Gleichungen, so erhält man:

$$(1) \quad \sin u = \frac{1}{n} \sin x,$$

$$(2') \quad \cot u = \cot \tfrac{1}{2}\alpha \cos \psi,$$

$$(3) \quad \sin h = \sin x \sin \psi,$$

$$(5') \quad \sin \vartheta = \sin \alpha \sin \psi : \sin u,$$

$$(6') \quad \cos \varphi = \cos (x-u)^2 + \sin (x-u)^2 \cos \vartheta.$$

Aus den ersten drei Gleichungen kann man nun leicht u, x und ψ finden. Eliminirt man aus (2) u mit Hülfe von (1) und ψ mit Hülfe von (3), so erhält man nach einfachen Rechnungen:

$$n^2 - \sin^2 x = \cot \tfrac{1}{2}\alpha (\sin^2 x - \sin^2 h),$$

oder wenn man noch x auflöst:

$$\sin y = \sin x = \sqrt{n^2 \sin^2 \tfrac{1}{2}\alpha + \sin^2 h \cos^2 \tfrac{1}{2}\alpha},$$

$$\sin u = \sin v = \frac{1}{n} \sin x$$

$$\text{und} \quad \sin \tfrac{1}{2}\varphi = \sin \tfrac{1}{2}\vartheta \sin (x-u).$$

Die letzte Gleichung liefert uns also den kleinsten Werth der Ablenkung φ.

Mit Hülfe dieser Eigenschaften des Prisma hat man nun die Erscheinung der großen farbigen Höfe (halo) um Sonne und Mond und der Nebensonnen resp. Nebenmonde zu erklären vermocht. Man hat zu diesem Zwecke angenommen, daß bei dem Auftreten dieser Phänomene die Atmosphäre mit geraden prismatischen Eiskrystallen erfüllt sei, die durch rechtwinklig angesetzte Endflächen begrenzt werden, und deren Querschnitt entweder ein regelmäßiges Dreieck oder Sechseck ist.

Im Allgemeinen werden diese Eisprismen sich in allen Lagen regellos durcheinander bewegen, so daß auch in jedem Augenblicke solche vorhanden sind, deren Axen senkrecht zu den Sonnenstrahlen stehen, und deren Seitenflächen, welche unter 60° gegen einander geneigt sind, die von irgend einem Punkte der Sonne auffallenden Strahlen so brechen, daß die Ablenkung φ ein Minimum wird. Es sind dies Prismen, in deren Hauptschnitt die Sonne liegt, wenn man unter Hauptschnitt eine Ebene versteht, welche die Prismenkanten senkrecht schneidet. Nach der Eigenschaft aller Funktionen aber, daß sie sich in der Nähe ihrer größten und kleinsten Werthe wenig verändern, sondern nahezu dieselben bleiben, wird die Richtung der gebrochenen Strahlen sich ebenfalls nur wenig ändern, selbst wenn sich die Prismen verhältnißmäßig bedeutend gedreht haben. Es werden also in jedem Augenblicke mehr Prismen vorhanden sein, welche das Licht nach einer durch das Minimum bedingten Richtung brechen, als nach jeder anderen. Befindet sich nun ein Auge A in einer solchen Lage, daß es von einem Eisprisma P (Fig. 37) Licht empfängt, welches um das kleinste φ abgelenkt ist, so ist, wegen des Parallelismus der die Erde treffenden Sonnenstrahlen S'P und S'A, Winkel $SAP = A\alpha S'' = \varphi$, wenn man mit α den Schnittpunkt von AP und SS'' bezeichnet. In der Richtung AP also werden stets eine Fülle von Prismen vorhanden sein, welche das um ein Minimum abgelenkte Licht dem Auge zusenden, so daß in dieser Richtung ein heller Flecken erscheint. Da dies aber von allen Richtungen gilt, welche mit AS den kleinsten Winkel φ bilden, so erblickt das Auge einen hellen Kreis am Himmel. Sämmtliche Prismen nun, welche im Innern des Kreises liegen, lenken das Licht so ab, daß kein gebrochener Strahl das Auge erreichen kann. Es muß also im Innern des erhellten Kreises merklich dunkler als außerhalb desselben sein. Von hier nämlich erhält das Auge in der That gebrochenes Licht, wenngleich dasselbe bedeutend schwächer ist als in dem erleuchteten Kreise, vom Halbmesser φ. Dieser Winkel φ nun ist verschieden für die verschiedenen Farben. Setzt man z. B. mit Galle für die rothen Strahlen (und zwar die Frauenhofer'sche Linie B)

$$n = 1,31171,$$

so wird

$$\varphi = 21^\circ 58',1$$

so daß man also, da die Sonne eine leuchtende Scheibe von 32′ Durchmesser ist, einen rothen Ring von 32′ Breite erblicken würde, dessen mittlerer Durchmesser eben 21° 58′,1 ist.

Für die blauen Strahlen hingegen wird

$$n = 1,32179$$

also

$$\varphi = 22^\circ 44',1.$$

Man erhält also einen blauen 32′ breiten Ring von einem größeren Halbmesser, der aber theilweise mit dem rothen zusammenfällt. Auf diese Weise erhält man durch Brechung der 60° gegen einander geneigten Flächen einen in allen prismatischen Farben strahlenden Ring, der scharf begrenzt im Innern mit Roth anhebend mit Violett endigt und sich verwaschen auf den mattglänzenden Hintergrund des Himmels verliert.

Da nun bei den Eisprismen noch Flächen vorkommen, welche senkrecht zu einander stehen, und welche als brechende Flächen ebenfalls ein Minimum der Ablenkung darbieten, so werden wir noch einen zweiten von dem obigen verschiedenen Farbenring erhalten. Für rothe Strahlen wird in diesem Falle

$$\varphi = 46^\circ\, 6',4 \quad \text{und für blaue}$$

$$\varphi = 48^\circ\, 20',8.$$

Man erhält also einen ganz ähnlichen Farbenring, welcher nur bedeutend größer als der erstere ist.

Außer einer Anzahl secundärer Phänomene, von denen diese Ringe begleitet sind, bieten die beiden stets in gleicher Höhe mit der Sonne oder dem Monde erscheinenden Nebensonnen, resp. Nebenmonde, besonderes Interesse dar. Dieselben stehen stets außerhalb des ersteren kleineren Ringes und entfernen sich um so mehr von demselben, je höher jene Gestirne steigen. Stehen dieselben aber im Horizonte, so bilden sie die Endpunkte eines horizontalen Durchmessers jenes Hofes. Im Uebrigen erscheinen sie sehr hell und lebhaft gefärbt und zwar entsprechend den Höfen, so daß ihre der Sonne zugekehrten Seiten roth, die abgewandten hingegen violett sind.

Dieselben lassen sich durch folgende Betrachtungen völlig erklären. Unter der Menge der regellos durcheinander geworfenen Prismen werden sich besonders viele finden, deren Axen vertikal sind, da sie bei einer nadelförmigen Gestalt in dieser Lage, bei dem Herabsinken zur Erde, den geringsten Widerstand in der Luft finden. Die Sonne hat nun in Beziehung auf eine senkrecht dieselben durchschneidende Ebene eine Höhe $= h$, so daß ihre Strahlen schief auffallen. Auch für diesen Fall haben wir aber im Obigen ein Minimum der Ablenkung nachgewiesen, und wenn bei demselben auch nicht so viel Licht wie bei jenem ersten absoluten Minimum dem Auge zugeworfen wird, so wird dieser Mangel doch reichlich durch die große Fülle der vertikal stehenden Prismen ersetzt. Man wird deshalb in der entsprechenden Richtung einen besonders hellen prismatisch gefärbten Flecken wahrnehmen.

Die Höhe desselben ist nun nach dem obigen gleich der des leuchtenden Gestirnes $= h$. Ferner wächst der Winkel x mit h, während er sich für $h = 0$ auf $n \sin \frac{1}{2}\alpha$ reducirt, sŏ daß in diesem Falle die erhaltenen Flecke auf dem ersten Hofe selbst erscheinen müssen. Dieselben werden sich von denselben entfernen, sobald die Sonne höher steigt, und h kann selbst so groß werden, daß ihr Auftreten unmöglich ist, indem das zugehörige x imaginär wird. Ist z. B. $n = 1{,}31171$, (für die Frauenhofer'sche Linie B) so wird für

$$h = 0, \qquad \varphi = 21^\circ 58',2,$$
$$h = 24^\circ, \qquad \varphi = 23^\circ 47',8,$$
$$h = 60^\circ, \qquad \varphi = 45^\circ 7,8.$$

Die weißen nach außen gerichteten Schweife dieser Nebensonnen entstehen dadurch, daß die Ueberfälle der vertikal gerichteten Prismen, noch hinlänglich viel Licht dem Auge zusenden, um besonders hell zu erscheinen. Da sich aber die verschiedenen Farben mit einander vermischen, so erscheinen die Schweife nicht mehr farbig, sondern in einem rein weißen Lichte.

51. In welcher Stellung erscheint uns die Venus am hellsten?

Es bedeute Fig. 38[a] S den Mittelpunkt der Sonne, E den der Erde, V den der Venus, und der Kreis um V den Durchschnitt derselben mit der Ebene SVE. Man nehme an, daß die Sonnenstrahlen parallel auf die Venus gelangen, dann beleuchten sie auf derselben eine Halbkugel, welche man erhält, wenn man in V eine auf SV senkrechte Ebene errichtet. Der Durchschnitt dieser Ebene mit der Ebene SVE sei CVD. In derselben Weise begrenzt FVG die Halbkugel der Venus, welche von der Erde E überblickt werden kann. Nur ein Theil dieser Halbkugel ist beleuchtet und zwar derjenige, welchen sie mit der von der Sonne beleuchteten Halbkugel gemein hat. Dies ist aber ein sphärisches Zweieck, welches gebildet wird durch die Ebenen der größten Kreise, welche jene beiden Halbkugeln begrenzen, und dessen Winkel GVD der jener beiden Ebenen ist. Dieser Winkel werde mit x bezeichnet. Da nun aber eine erleuchtete Kugel als eine gleichmäßig erhellte Scheibe erscheint, so stellt das erleuchtete Zweieck der Venus noch nicht die Lichtmenge selbst dar, sondern um diese zu erhalten, muß man dasselbe auf die Ebene FG projiciren. In Fig. 38^b möge nun MPN den auf der Venus durch die Ebene FG gebildeten größten Kreis vorstellen, ferner die Ellipse MQN die Projection des Kreises CVD auf MPN, dann ist das sichelförmige Stück, welches durch die Bogen MPN und MQN begrenzt wird, die Projection des in Rede stehenden sphärischen Zweiecks, und es kommt darauf an, den Flächeninhalt M desselben zu berechnen. Es ist aber, wenn der Radius der Venus $= r$ ist

$$M = \tfrac{1}{2} r^2 \pi - MQNVM,$$

MQNVM ist nun die Projection des Halbkreises CVD auf die Ebene MPN. Projicirt man aber eine beliebige ebene Figur, deren Flächeninhalt $= I$ ist, auf eine andere Ebene, mit welcher die Ebene der Figur den Neigungswinkel x bildet, so ist, wie sehr leicht erhellt, der Inhalt der Projection $= I \cos x$. Man hat daher:

$$MQNVM = \tfrac{1}{2} r^2 \pi \cos x$$

und mithin:

$$M = \tfrac{1}{2} r^2 \pi (1 - \cos x).$$

Es erscheint nun aber auch der Radius der Venus in verschiedenen Entfernungen von der Erde ungleich groß, und zwar um so kleiner, je weiter die Venus von der Erde entfernt ist.

Es sei nun $SE = a$, $SV = b$, $EV = y$, ferner der kleinste scheinbare Halbmesser der Venus, den sie also in der größten Entfernung $a+b$ von der Erde hat, $= r_1$. Alsdann ist:

$$r : r_1 = a+b : y$$

$$\text{oder} \quad r = \frac{(a+b)r_1}{y},$$

$$\text{folglich} \quad M = \frac{\pi r_1^2}{y^2}(a+b)^2(1-\cos x).$$

Betrachtet man noch das Dreieck SVE, so ist, da $SV \perp CD$, $EV \perp FG$, der Winkel $SVE = \pi - x$ folglich:

$$\cos x = \frac{a^2-b^2-y^2}{2by}.$$

Es wird also:

$$M = \frac{\pi r_1^2}{y^2}(a+b)^2\left(1-\frac{a^2-b^2-y^2}{2by}\right).$$

y ist nun so zu bestimmen, daß M ein Maximum wird. Nach einfachen Rechnungen findet man für y den Werth:

$$y = -2b + \sqrt{b^2+3a^2}.$$

Nimmt man a, d. h. die Entfernung der Erde von der Sonne zur Einheit an, so ist $b = 0{,}7233317$. Dann wird $y = 0{,}4303579$.

In dem Dreieck SVE sind nun alle 3 Seiten bekannt und man findet daraus:

$$\angle SEV = 39^0 43' 28'', 24,$$

$$\angle x = 62^0\ 4' 23'', 24.$$

Der kleinste scheinbare Durchmesser der Venus, welcher oben mit r_1 bezeichnet war, ist aber $9'', 4$. Hieraus findet man den Durchmesser $2r$ der Venus bei ihrer größten Lichtstärke:

$$2r = 37'', 641.$$

Endlich kann man noch berechnen, wieviel vom Radius der Venus beim Maximum der Lichtstärke beleuchtet wird; es ist dies in Fig. 38^b das Stück PQ, und zwar ergiebt sich:

$$PQ = 10'', 006.$$

52. Ein leuchtender Punkt B (Fig. 39) bewegt sich in der Geraden OB, welche auf der Ebene eines unendlich kleinen in A befindlichen Flächenelements senkrecht steht. In welcher Höhe OB beleuchtet er dieses Element am stärksten?

Der Abstand des Flächenelements von OB sei $OA = a$, die Größe desselben $= \omega$, ferner sei $OB = x$, $BA = y$, $\angle BAO = \varphi$.

Man denke sich eine bestimmte Lichtquelle als Maaßeinheit der Helligkeiten zu Grunde gelegt; um diese Lichtquelle beschreibe man mit dem Radius 1 eine Kugelfläche, deren Flächeneinheit vom leuchtenden Mittelpunkt l Lichtatome empfangen möge. Dagegen möge der gegebene leuchtende Punkt B auf die Flächeneinheit einer um ihn mit dem Radius 1 beschriebenen Kugel λ mal l Atome senden, also auf ein Flächenelement f λl mal f Atome. Ist aber der Radius der um B beschriebenen Kugel nicht mehr 1, sondern y, so vertheilt sich jetzt dieselbe Anzahl von Lichtatomen auf eine y^2 mal größere Fläche, als vorher, so daß also ihre Anzahl auf einer gleichgroßen Fläche f nur $\frac{\lambda l f}{y^2}$ ist. Auf dieses Flächenelement fallen die Lichtatome senkrecht und ihre Wege (Lichtstrahlen) sind als parallel anzusehen, da die Fläche f als unendlich klein betrachtet wird. Ist aber ein Flächenelement von der Größe ω gegen die Lichtstrahlen unter einem Winkel φ geneigt, und will man nun die Menge der Lichtatome finden, welche auf dasselbe fallen, so betrachte man f als die Projection des Elementes ω anf die Kugelfläche vom Radius y. Dann hat man:

$$f = \omega \sin \varphi,$$

und ω empfängt dieselbe Menge von Lichtatomen, wie das Element f, daher ist endlich

$$\frac{l \lambda \omega \sin \varphi}{y^2}$$

die Anzahl der Lichtatome, welche auf ω fallen, und

$$M = \frac{l \lambda \sin \varphi}{y^2}$$

drückt aus, wie groß die Helligkeit ist, mit welcher ω beleuchtet wird, oder wie viel Lichtatome die Flächeneinheit bei A empfängt. Die Aufgabe fordert nun, M zu einem Maximum zu machen, von dessen Existenz überhaupt man sich leicht überzeugt.

Nach der Figur ist:

$$y^2 = a^2 + x^2$$

$$\text{und} \quad \sin \varphi = \frac{x}{y} = \frac{x}{\sqrt{a^2+x^2}},$$

folglich:

$$M = \frac{l\lambda x}{(a^2+x^2)^{\frac{3}{2}}} = l\lambda\left(\frac{x^{\frac{2}{3}}}{a^2+x^2}\right)^{\frac{3}{2}} = \frac{l\lambda}{\left(\frac{a^2}{x^{\frac{2}{3}}}+x^{\frac{4}{3}}\right)^{\frac{3}{2}}}.$$

Setzt man $x^{\frac{2}{3}} = z$, so wird

$$M = \frac{l\lambda}{\left(\frac{a^2}{z}+z^2\right)^{\frac{3}{2}}}.$$

Dieser Ausdruck wird ein Maximum, wenn $\frac{a^2}{z}+z^2$ ein Minimum wird, und dies geschieht für $z^3 = \frac{1}{2}a^2$. Es war aber $z^3 = x^2$, mithin

$$x = \frac{a}{\sqrt{2}}.$$

Dann ist $BA = a\sqrt{\frac{3}{2}}$, $\sin\varphi = \sqrt{\frac{1}{3}}$ und daher $\varphi = 35^\circ 15' 52''$.

53. Die vorige Aufgabe kann verallgemeinert werden, indem man annimmt, daß OA und OB (Fig. 40) einen beliebigen Winkel α mit einander bilden. Behält man dieselbe Bezeichnung bei, so ist auch hier die Helligkeit in A:

$$M = \frac{l\lambda \sin\varphi}{y^2}.$$

Es ist aber:

$$y^2 = a^2+x^2-2ax\cos\alpha,$$

$$\text{und}\quad \sin\varphi = \frac{x\sin\alpha}{y} = \frac{x\sin\alpha}{\sqrt{a^2+x^2-2ax\cos\alpha}},$$

$$\text{folglich}\quad M = \frac{l\lambda\sin\alpha . x}{(a^2+x^2-2ax\cos\alpha)^{\frac{3}{2}}}$$

$$= \frac{l\lambda\sin\alpha}{(a^2x^{-\frac{2}{3}}+x^{\frac{4}{3}}-2a\cos\alpha\, x^{\frac{1}{3}})^{\frac{3}{2}}}.$$

Setzt man $x^{\frac{1}{3}} = z$, so ist

$$\frac{a^2}{z^2}+z^4-2a\cos\alpha\, z$$

zu einem Minimum zu machen. Nach der bekannten Methode erhält man dann:

$$z^3 = x = \tfrac{1}{4}a\cos\alpha \pm \sqrt{\tfrac{1}{16}a^2\cos^2\alpha+\tfrac{1}{2}a^2}$$

$$\text{oder}\qquad x = \tfrac{1}{4}a\cos\alpha \pm \sqrt{\tfrac{9}{16}a^2-\tfrac{1}{16}a^2\sin^2\alpha}.$$

Geometrisch läßt sich x leicht construiren. Man theile nämlich OA in 4 gleiche Theile. C sei der erste Theilpunkt, so daß $CA = \frac{3}{4}a$. Schlägt man nun um C mit CA einen Kreis, so schneidet dieser OQ in B und B'. Diese beiden Punkte sind die gesuchten. Denn zieht man $CD \perp OB$, so ist:

$$OD = \tfrac{1}{4} a \cos\alpha \quad \text{und} \quad DB = DB' = \sqrt{\tfrac{9}{16} a^2 - \tfrac{1}{16} a^2 \sin^2\alpha}.$$

Für $x = 0$ und $x = \pm\infty$ wird M ein Minimum, wie aus der Form der Funktion unmittelbar folgt.

Die eben behandelte Aufgabe läßt sich auch noch auf andere Weise lösen. Man kann nämlich in der Gleichung

$$M = \frac{l\lambda \sin\varphi}{y^2}$$

y sogleich durch φ ausdrücken. Denn es ist aus dem Dreieck OBA:

$$y = \frac{a \sin\alpha}{\sin(\alpha+\varphi)}.$$

Daher wird

$$M = \frac{l\lambda \sin\varphi \sin(\alpha+\varphi)^2}{a^2 \sin\alpha^2}.$$

Damit M ein Maximum werde, muß $\sin\varphi \sin(\alpha+\varphi)^2$ ein Maximum werden, da l, λ, a und α constant sind. Dies Product kann man in eine Summe von Sinussen verwandeln, es ist nämlich:

$$\sin\varphi \sin(\alpha+\varphi)^2 = \tfrac{1}{2}\sin\varphi - \tfrac{1}{4}\sin(2\alpha+3\varphi) + \tfrac{1}{4}\sin(2\alpha+\varphi).$$

Nach der gewöhnlichen Methode für die Berechnung der Maxima und Minima erhält man:

$$2\cos\varphi - 3\cos(2\alpha+3\varphi) + \cos(2\alpha+\varphi) = 0.$$

Diese Gleichung läßt sich nun noch umformen in:

$$\begin{aligned} &2(\cos\varphi - \cos(2\alpha+3\varphi)) + \cos(2\alpha+\varphi) - \cos(2\alpha+3\varphi) \\ &= 4\sin(\alpha+2\varphi)\sin(\alpha+\varphi) + 2\sin 2(\alpha+\varphi)\sin\varphi \\ &= 4\sin(\alpha+\varphi)[\sin(\alpha+2\varphi) + \sin\varphi\cos(\alpha+\varphi)] \\ &= 4\sin(\alpha+\varphi)[\sin(\alpha+2\varphi) + \tfrac{1}{2}(\sin(\alpha+2\varphi) - \sin\alpha)] \\ &= 2\sin(\alpha+\varphi)[3\sin(\alpha+2\varphi) - \sin\alpha] = 0. \end{aligned}$$

Aus dieser Gleichung erhält man die Werthe von φ, welche M zu einem Maximum oder Minimum machen. Die Lösungen derselben sind erstens:

$$\sin(\alpha+\varphi) = 0, \quad \text{also} \quad \varphi = \pi - \alpha.$$

Dieser Werth des φ entspricht offenbar einem Minimum, denn der leuchtende Punkt befindet sich dann in der Unendlichkeit, also ist die Helligkeit in A gleich Null.

Zweitens:

$$\sin(\alpha+2\varphi) = \tfrac{1}{3}\sin\alpha.$$

Der Werth von φ, welcher sich hieraus ergiebt, macht M zu einem Maximum. Wie man φ durch geometrische Construction finden kann, ist schon oben gezeigt.

54. Wie hoch muß eine in C senkrecht zur Erdoberfläche aufsteigende Rakete steigen, damit durch sie ein Ort B (Fig. 41), dessen Lage durch den Bogen $CB = \alpha$ gegeben ist, am stärksten beleuchtet werde?

Man ziehe AB und in B die Tangente BD, so ist $BD = r \operatorname{tg} \alpha$ und $\angle BDX = \tfrac{1}{2}\pi + \alpha$.

Die Aufgabe ist nun zurückgeführt auf die vorhergehende, indem sich die Rakete auf dem einen Schenkel des Winkels BDX bewegt, auf dessen anderen Schenkel der Ort B liegt.

55. Ein leuchtender Punkt C (Fig. 42) bewegt sich auf der Peripherie eines Kreises. An welcher Stelle beleuchtet er ein innerhalb des Kreises gelegenes Flächenelement A am stärksten, wenn die Ebene desselben senkrecht zum Kreise ist und durch seinen Mittelpunkt M geht?

Es sei $AM = a$, $CA = x$, $\angle CAB = \varphi$, der Radius des Kreises r. Dann ist die Helligkeit in A:

$$M = \frac{l\lambda \sin\varphi}{x^2}.$$

Es ist aber:

$$\cos\varphi = \frac{r^2 - x^2 - a^2}{2ax},$$

folglich, da

$$M^2 = \frac{l^2\lambda^2(1-\cos^2\varphi)}{x^4}$$

ist,

$$\frac{M^2}{l^2\lambda^2} = \frac{4a^2x^2 - (r^2-a^2-x^2)^2}{4a^2x^6},$$

und es ist x so zu bestimmen, daß dieser Ausdruck ein Maximum werde.

Man dividire mit x^6 in den Zähler, setze

$$\frac{1}{x^2} = u \quad \text{und} \quad r^2 - a^2 = b^2,$$

so erhält man:

$$\frac{M^2}{l^2 \lambda^2} = \frac{4a^2u^2 - u(b^2u-1)^2}{4a^2}.$$

Der Werth von u, der diesen Ausdruck zum Maximum macht, ist:

$$u = \frac{1}{3b^4}(4a^2 + 2b^2 \pm \sqrt{(4a^2+2b^2)^2 - 3b^4}).$$

Setzt man noch $a^2 + r^2 = c^2$ und führt durch die Substitution $\sin\psi = \frac{b^2}{2c^2}\sqrt{3}$ den Hülfswinkel ψ ein, so erhält man für u die beiden Werthe:

$$u = \frac{2c^2}{3b^4}(1 \pm \cos\psi) = \frac{1}{2c^2 \sin\psi^2}(1 \pm \cos\psi)$$

$$\text{oder} \quad u = \frac{1}{4c^2 \sin\frac{1}{2}\psi^2} \quad \text{und} \quad u = \frac{1}{4c^2 \cos\frac{1}{2}\psi^2},$$

woraus für x die beiden Werthe folgen:

$$x = 2c\sin\tfrac{1}{2}\psi \quad \text{und} \quad x = 2c\cos\tfrac{1}{2}\psi.$$

Es ist nun noch zu untersuchen, welcher von diesen Werthen des x zu wählen ist. Unter der Voraussetzung $\psi < \frac{1}{2}\pi$, folgt leicht:

$$\sin\tfrac{1}{2}\psi^2 = \frac{1}{4c^2}(2c^2 - \sqrt{4c^4 - 3b^4})$$

$$\text{und} \quad \cos\tfrac{1}{2}\psi^2 = \frac{1}{4c^2}(2c^2 + \sqrt{4c^4 - 3b^4}).$$

Es ist aber $4c^4 - 3b^4 = (a^2+r^2)^2 + 12a^2r^2$, folglich sind die beiden Werthe des x:

$$(1) \quad x = 2c^2 - \sqrt{(a^2+r^2)^2 + 12a^2r^2}$$

$$\text{und} \quad (2) \quad x = 2c^2 + \sqrt{(a^2+r^2)^2 + 12a^2r^2}.$$

Die zweite Gleichung giebt aber keinen passenden Werth für x, denn offenbar ist die Wurzel größer als a^2+r^2, und da $c^2 = a^2+r^2$ ist so erhielte man $x^2 > 3(a^2+r^2)$. Nun ist aber $3(a^2+r^2) > (a+r)^2$, folglich hätte man $x > (a+r)$. Dies ist aber unmöglich, da der größte Werth von x überhaupt nur $a+r$ sein kann. Man erhält also den Werth von x, der die Helligkeit in A zu einem Maximum macht, aus der Gleichung (1), und zwar wird:

$$x = 2c\sin\tfrac{1}{2}\psi, \quad \text{wo} \quad \psi < \tfrac{1}{2}\pi \quad \text{ist}.$$

Daß dann die Helligkeit wirklich einem Maximum entspricht, ersieht man daraus, daß in B und D Minima der Helligkeiten stattfinden, indem in diesen Punkten die Helligkeit Null ist.

Vollständig überflüssig ist aber die Gleichung (2) nicht. Der $\angle\psi$ war nämlich durch die Gleichung bestimmt:

$$\sin\psi = \frac{b^2}{2c^2}\sqrt{3}.$$

Nach dieser Gleichung kann aber ψ zwei Werthe haben, von denen der eine $<\frac{1}{2}\pi$, der andere $>\frac{1}{2}\pi$ ist. Wählt man $\psi<\frac{1}{2}\pi$, so erhält man x aus der Gleichung (1), wie wir eben gesehen haben, und die Gleichung (2) liefert dann keinen passenden Werth. Wählt man aber $\psi>\frac{1}{2}\pi$, so muß man jetzt den Werth von x aus Gleichung (2) nehmen, indem dann die Gleichung (1) einen Werth $x>a+r$ liefert.

56. Ueber den Endpunkten einer geraden Linie A'B' (Fig. 21), deren Länge c ist, befinden sich zwei leuchtende Punkte A und B von den Intensitäten α und β. Welche Punkte der Linie A'B' sind die hellsten und dunkelsten?

Zunächst hat man sich zu überzeugen, daß ein Maximum oder Minimum überhaupt existirt. Von allen Punkten der Linie A'B' empfängt der Punkt B' von der Lichtquelle B allein die größte Lichtmenge, zu welcher dann noch eine andere von A ausgehende Menge von Lichtatomen hinzukommt. Denkt man sich A'B' über B' hinaus verlängert, so werden die Helligkeiten der Punkte, die auf dieser Verlängerung liegen, um so kleiner, je weiter sie von B entfernt sind; denn die Menge der auf sie fallenden Lichtatome wird immer geringer, da die Winkel, unter denen sie auffallen, immer spitzer und die Entfernungen immer größer werden. In unendlicher Entfernung ist daher die Helligkeit gleich Null. Denkt man sich aber zwischen A' und B' in der Nähe von B' einen Punkt B'', so ist für diesen zwar die Lichtmenge, welche er von B empfängt, geringer als die in B', dafür hat aber die Lichtmenge, welche von A kommt, zugenommen, und zwar mehr als die von B kommende abgenommen hat, denn die Sinusse von kleinen Winkeln nehmen, wenn diese Winkel wachsen, viel schneller zu, als wenn diese Winkel nahe bei 90° liegen. Die Gesammthelligkeit von B'' ist daher größer als die in B'.

Dasselbe gilt vom Punkte A″, der bei A′ liegt.

Nimmt man nun an, daß a und b im Vergleich zu C sehr klein sind, so sieht man, daß zwischen A″ und B″ ein Minimum existirt. Außerdem aber müssen in der Nähe von A″ und B″ Maxima der Helligkeit stattfinden.

Es sei C ein Punkt, welcher einem Maximum oder Minimum entspricht, und $AC = u$, $BC = v$, $\angle ACA' = \varphi$, $BCB' = \psi$, dann ist

$$(1)\qquad a \cot\varphi + b \cot\psi = c,$$

und wenn M die Helligkeit in C bedeutet,

$$M = \frac{\alpha \sin\varphi}{u^2} + \frac{\beta \sin\psi}{v^2}$$

oder

$$(2)\qquad M = \frac{\alpha \sin\varphi^3}{a^2} + \frac{\beta \sin\psi^3}{b^2}.$$

Dieser Ausdruck soll ein Maximum oder Minimum werden. Mit Anwendung der bekannten Methode folgt aus (2):

$$\frac{\alpha}{a^2}(\sin^2\varphi + \sin\varphi \sin\varphi_1 + \sin^2\varphi_1)\cos\tfrac{1}{2}(\varphi+\varphi_1)\sin\tfrac{1}{2}(\varphi-\varphi_1)$$
$$= -\frac{\beta}{b^2}(\sin^2\psi + \sin\psi \sin\psi_1 + \sin^2\psi_1)\cos\tfrac{1}{2}(\psi+\psi_1)\sin\tfrac{1}{2}(\psi-\psi_1)$$

und aus (1) $a(\cot\varphi - \cot\varphi_1) = -b(\cot\psi - \cot\psi_1)$, woraus sich leicht ergiebt:

$$\frac{a \sin\frac{1}{2}(\varphi-\varphi_1)\cos\frac{1}{2}(\varphi-\varphi_1)}{\sin\varphi \sin\varphi_1} = -\frac{b \sin\frac{1}{2}(\psi-\psi_1)\cos\frac{1}{2}(\psi-\psi_1)}{\sin\psi \sin\psi_1}.$$

Dividirt man mit dieser Gleichung in die vorige, so erhält man, wenn $\varphi = \varphi_1$, $\psi = \psi_1$ gesetzt wird:

$$(3)\qquad \frac{\alpha}{a^3}\sin\varphi^4 \cos\varphi = \frac{\beta}{b^3}\sin\psi^4 \cos\psi.$$

Aus den Gleichungen (1) und (3) sind die Werthe von φ und ψ zu ermitteln.

Es sei z. B. $a = 20$, $b = 15$, $c = 200$ und $\alpha = 12\beta$, so gehen (1) und (3) über in:

$$(1^a)\qquad \cot\varphi + \tfrac{3}{4}\cot\psi = 10,$$

$$(3^a)\qquad \sin\varphi \sqrt[4]{\cos\varphi} = \tfrac{2}{3}\sin\psi \sqrt[4]{\cos\psi}.$$

Zu der nun folgenden numerischen Berechnung von φ und ψ wird die Kenntniß der ersten Elemente der Differentialrechnung vorausgesetzt. Der dunkelste Punkt von A'B' wird nahe in der Mitte liegen und da dann φ und ψ sehr kleine Winkel sind, so wird man für sie erste Näherungswerthe erhalten, wenn man für sin und tg die Bogen selbst substituirt, $\cos\varphi$ und $\cos\psi$ aber gleich 1 setzt. Die Gleichungen werden dann:

$$\frac{1}{\varphi}+\frac{3}{4\psi}=10,$$

und $$\varphi=\tfrac{2}{3}\psi,$$

woraus folgt:

$$\psi=0{,}225=12^{\circ}53'.$$

Es seien in der Fig. 43 die Curven gezeichnet, welche den Gleichungen (1^a) und (3^a) entsprechen, indem man die ψ als Abscissen, die φ als Ordinaten aufgetragen hat, und zwar entspreche FB der Gleichung (1^a), FC der Gleichung (3^a). Die Ordinaten dieser zweiten Curve bezeichne man, um sie von denen der ersten unterscheiden zu können, mit φ'. Die Aufgabe besteht nun darin, den Durchschnittspunkt beider Curven zu finden, d. h. die Werthe von φ und ψ zu bestimmen, die diesem Durchschnittspunkte entsprechen. Der erste Näherungswerth von ψ möge OA sein, so sind $AB=\varphi$ und $AC=\varphi'$ die zu dieser Abscisse gehörigen Ordinaten der beiden Curven. Zieht man nun in C und B Tangenten zu den Curven, die sich in E schneiden mögen, ferner von E aus auf CB das Loth $ED=x$, so lehrt der Anblick der Figur, daß man für ψ einen bedeutend genaueren Näherungswerth erhält, wenn man dieses x von dem ersten Näherungswerthe abzieht. Es ist daher x zu berechnen. Zu diesem Zwecke bezeichne man den Winkel CED mit ε' und Winkel BED mit ε, so ist:

$$CB=\varphi'-\varphi=x(\operatorname{tg}\varepsilon+\operatorname{tg}\varepsilon'),$$

ferner:

$$\operatorname{tg}\varepsilon=-\frac{d\varphi}{d\psi},\quad \operatorname{tg}\varepsilon'=\frac{d\varphi'}{d\psi},$$

folglich:

$$x=\frac{\varphi'-\varphi}{\frac{d\varphi'}{d\psi}-\frac{d\varphi}{d\psi}}.$$

Nach den Gleichungen (1^a) und (3^a) ist aber:

$$\frac{d\varphi}{d\psi} = \tfrac{3}{4}\frac{\sin\varphi^2}{\sin\psi^2}$$

und $$\frac{d\varphi'}{d\psi} = \frac{16(0{,}8-\sin\psi^2)\sin\psi^3}{81(0{,}8-\sin\varphi'^2)\sin\varphi'^3}.$$

Für ψ war als erster Näherungswerth schon gefunden worden $\psi = 12^\circ 53'$; diesen Werth setze man in (1^a) ein, dann erhält man $\varphi = 8^\circ 27' 47''$. Denselben Werth für ψ setze man auch in (3^a) ein und nehme dann auf beiden Seiten die Logarithmen, so ist:

$$(3^b) \quad \log\sin\varphi' + \tfrac{1}{4}\log\cos\varphi' = 0{,}16938-1.$$

Setzt man nun $\varphi' = 8^\circ 27' 47''$, so wird die linke Seite von (3^b) 0,16664, und die Differenz zwischen der rechten und linken Seite ist dann $d = +0{,}00274$, φ' ist also etwas zu klein. Nimmt man aber $\varphi' = 8^\circ 32'$, so wird die linke Seite von (3^b) 0,17018, und daher die Differenz zwischen der rechten und linken Seite $d = -0{,}0008$; φ' ist also in diesem Falle etwas zu groß.

Nach der schon mehrfach angewandten Interpolationsmethode (s. Nr. 33) ist nun die an φ' anzubringende erste Correction:

$$\frac{274}{354} 4' 13'' = 3' 15'',$$

folglich $\varphi' = 8^\circ 31' 2''$.

Aus den Werthen von ψ, φ, φ' erhält man aber:

$$\varphi' - \varphi = 3'15'', \quad \frac{d\varphi}{d\psi} = -0{,}32676, \quad \frac{d\varphi'}{d\psi} = 0{,}64989,$$

folglich $$x = \frac{3'15''}{0{,}97665} = 3'19''.$$

Hiernach ist der zweite Näherungswerth von ψ:

$$\psi_1 = 12^\circ 53' - 3' 19'' = 12^\circ 49' 41''.$$

Wiederholt man mit diesem Werthe die vorhergehenden Rechnungen, so erhält man aus (1^a):

$$\varphi_1 = 8^\circ 28' 51'',8$$

und aus (3^a) nach der angegebenen Methode *):

$$\varphi'_1 = 8^\circ 28' 53'',4.$$

---

*) Für

$\varphi'_1 = 8^\circ 28' 51'',8$ ist $d = 0{,}000022$,

für $\varphi'_1 = 8^\circ 28' 55''$ ist $d = -0{,}0000229$,

also die Correction für $\varphi_1 = 1'',6$.

Hieraus ergiebt sich:

$$\frac{d\varphi_1}{d\psi_1} = -0,33993 \quad \text{und} \quad \frac{d\varphi'_1}{d\psi_1} = 0,65015$$

und folglich

$$x_1 = \frac{1'',6}{0,99008} = 1'',61.$$

Der dritte Näherungswerth von ψ wird daher:

$$\psi_2 = 12^0 49' 39'',39$$

Mit Hülfe dieses Werthes findet man aus (1^a)

$$\varphi_2 = 8^0 28' 52'',41,$$

aus (3^a)

$$\varphi'_2 = 8^0 28' 52'',41$$

und es stimmen dann beide Seiten bis auf die 7te Decimalstelle überein.

φ_2 und φ'_2 selbst stimmen bis in die Hundertstel der Sekunden überein. Die Werthe von φ und ψ, welche den Gleichungen (1^a) und (3^a) genügen, sind also:

$$\psi = 12^0 49' 39'',39$$

$$\text{und} \quad \varphi = 8^0 28' 52'',41$$

und zwar sind diese Winkel bis auf $0'',01$ genau.

Die Werthe von φ und ψ, welche die Punkte A'' und B'' geben, in denen Maxima der Helligkeit stattfinden, lassen sich ohne Hülfe der Differentialrechnung finden. Man setze nämlich $\cot\varphi = x$, $\cot\psi = x$, so nehmen die Gleichungen (1^a) und (3^a) die Form an:

$$(1^c) \quad x + \tfrac{3}{4} y = 10,$$

$$(3^c) \quad \frac{x}{(1+x^2)^{\frac{3}{2}}} = (\tfrac{2}{3})^4 \cdot \frac{y}{(1+y^2)^{\frac{3}{2}}}.$$

Da x sehr klein ist, so setze man für den ersten Näherungswerth in (1^c) $x = 0$. Dann wird $y = \frac{40}{3}$. Mit diesem Werth erhält man aus (3^c), wenn x^2 vernachlässigt wird,

$$x = 0,00000616297.$$

Setzt man diesen Werth in (1^c) ein, so wird $y = 13,333325$. Mit diesem Werthe erhält man aber aus (3^c) für x denselben Werth wie oben, es genügen also

$$x = 0,00000616297 \quad \text{und} \quad y = 13,333325$$

den beiden Gleichungen.

Es ist aber $x = \operatorname{tg} A'AA''$, folglich für das in A'' stattfindende Maximum

$$\angle A'AA'' = 1'',272.$$

Um die dem Maximum in B'' entsprechenden Werthe von φ und ψ zu finden, hat man zuerst in (1^c) $y = 0$ zu setzen, dann ist $x = 10$. Für diesen Werth des x ergiebt sich aus (3^c):

$$y = 0,000943812.$$

Setzt man diesen Werth wieder in (1^c) ein, so erhält man:

$$x = 9,9999629.$$

Dieser Werth des x giebt aber aus (3^c) denselben Werth des y, wie oben.

Es genügen also die Werthe

$$x = 9,9999629 \quad \text{und} \quad y = 0,000943812$$

ebenfalls den beiden Gleichungen.

Es ist aber $\operatorname{tg} B'BB'' = y$, folglich:

$$B'BB'' = 1'\,41'',93.$$

57. Eine leuchtende Linie $BC = l$ (Fig. 44), deren Punkte sämmtlich dieselbe Helligkeit besitzen, bewegt sich in der auf dem Flächenelement A senkrechten Geraden OP, in welcher Höhe muß sich diese Linie befinden, damit A, welches von OB den Abstand $OA = a$ hat, am stärksten erleuchtet wird?

Denkt man sich in O einen leuchtenden Punkt, und die Ebene des Elements A in senkrechte Lage zu OA gebracht, so empfängt A von O eine Quantität Licht, die, wenn man mit ω die Größe des Elements a bezeichnet, durch $\frac{l\lambda\omega}{a^2}$ ausgedrückt wird. Man bezeichne diese Lichtmenge mit b und denke sie sich graphisch dargestellt durch eine bestimmte Länge AD, welche man von A aus auf OA abschneidet. Nimmt man nun auf OB irgend einen Punkt P an, dessen Entfernung von $A = y$ sei, und denkt man sich wieder das Element A senkrecht zu PA, so empfängt es von P eine gewisse Lichtmenge r, die ausgedrückt wird durch $\frac{l\lambda\omega}{y^2}$. Auch diese kann man sich wieder durch eine entsprechende Länge AF dargestellt denken. Macht man nun dieselbe Construction für alle Punkte auf OB, so wird man dadurch eine Reihe von Punkten, wie F bekommen, welche eine Curve bilden, und es kommt zunächst darauf an, die Gleichung dieser Curve zu finden.

Es war aber:

$$b = \frac{l\lambda\omega}{a^2}, \quad r = \frac{l\lambda\omega}{y^2},$$

folglich

$$r = \frac{b a^2}{y^2}.$$

Bezeichnet man den Winkel PAO mit θ, so ist, da $\frac{a}{y} = \cos\theta$ ist:

$$(1) \qquad r = b \cos\theta^2.$$

Durch diese Gleichung kann man zu jedem Werth des θ den zugehörigen Werth des r finden, d. h. für jeden Punkt P, der dem Winkel θ entspricht, die Lichtmenge r, welche A von P empfängt, wenn es senkrecht zu PA steht. Da nun aber A auf OA liegt, d. h. senkrecht zu OB, so ist die wirkliche Lichtmenge, welche es vom Punkte P empfängt, nicht $AF = r$, sondern $r \sin\theta$. Errichtet man daher in A auf OA ein Loth AQ und fällt von F auf AQ das Loth FG, so ist $AG = AF \sin\theta$, und es drückt mithin AG die wirkliche Lichtmenge aus, welche P von A empfängt. Will man nun z. B. auf OP den Punkt finden, welcher A am stärksten beleuchtet, so muß man AG so groß wie möglich zu machen suchen. Dies geschieht aber offenbar, wenn man an die Curve eine Tangente XY legt, welche zugleich senkrecht auf AQ steht. Zieht man dann AX und verlängert es bis zum Durchschnittspunkt mit OP, so wird dadurch auf OP der Punkt Z bestimmt, welcher A am stärksten beleuchtet.

Stellt aber BC eine leuchtende Linie vor, so verbinde man B und C mit A; diese Verbindungslinien werden die Curve in R und S schneiden. Verschiebt man jetzt BC auf OP, so wird auch RS eine verschiedene Lage annehmen. Fällt man ferner von jedem Punkte des Curvenbogens RS Perpendikel auf AQ, so werden die Stücke, welche diese Perpendikel auf AQ abschneiden, für verschiedene Lagen von RS verschieden groß werden.

In dem Falle aber, wo diese Stücke größer werden, als in jeder anderen Lage von RS, erhält das Element A die größte Lichtmenge von der leuchtenden Linie BC. Offenbar tritt aber dieser

Fall ein, wenn RS senkrecht auf AQ steht. Um nun die Lage von BC näher bestimmen zu können, hat man, wenn Winkel BAO $= \theta_1$, Winkel CAO $= \theta_2$ gesetzt wird:

$$a \operatorname{tg} \theta_2 - a \operatorname{tg} \theta_1 = l$$

$$\text{und} \quad \cos\theta_1^2 \sin\theta_1 = \cos\theta_2^2 \sin\theta_2.$$

Die letzte Gleichung läßt sich noch umformen, wenn man $1 - \sin\theta^2$ für $\cos\theta^2$ setzt und dann durch $\sin\theta_1 - \sin\theta_2$ dividirt. Setzt man endlich noch $\frac{l}{a} = c$, so erhält man die beiden Gleichungen:

$$(2) \quad \sin\theta_1^2 + \sin\theta_1 \sin\theta_2 + \sin\theta_2^2 = 1$$

$$\text{und} \quad (3) \quad \operatorname{tg}\theta_2 - \operatorname{tg}\theta_1 = c.$$

Um diese Gleichungen aufzulösen, setze man $\cot\theta_1 = x$, $\cot\theta_2 = y$; man erhält alsdann die beiden Gleichungen:

$$(2') \quad x - y = cxy \quad \text{und}$$

$$(3') \quad x^3y^3 - 3(1 + \tfrac{1}{3}c^2)xy = 2.$$

Setzt man $xy = 2z\sqrt{1 + \frac{1}{3}c^2}$, so verwandelt sich die letzte Gleichung in:

$$z^3 - \tfrac{3}{4}z = \frac{1}{4(1 + \frac{1}{3}c^2)^{\frac{3}{2}}}.$$

Es ist aber:

$$\cos\tfrac{1}{3}\alpha^3 - \tfrac{3}{4}\cos\tfrac{1}{3}\alpha = \tfrac{1}{4}\cos\alpha.$$

Setzt man daher:

$$\cos\alpha = \frac{1}{(1 + \frac{1}{3}c^2)^{\frac{3}{2}}},$$

so wird $z = \cos\frac{1}{3}\alpha$, wenn man nämlich die beiden anderen Wurzeln der Gleichung $-\cos\frac{1}{3}(\pi + \alpha)$ und $-\cos\frac{1}{3}(\pi - \alpha)$ unberücksichtigt läßt.

Man erhält also:

$$xy = 2\cos\tfrac{1}{3}\alpha\sqrt{1 + \tfrac{1}{3}c^2}.$$

Aus dieser Gleichung und der Gleichung (2′) kann man nun die Winkel θ_1 und θ_2, folglich die Lage der Linie l bestimmen, welche A am stärksten beleuchtet.

Hätte man nur den Punkt Z finden sollen, welcher A am stärksten erleuchtet, so brauchte man nur in (2) $\theta_1 = \theta_2$ zu setzen. Man erhielte dann:

$$\sin\theta_1 = \sqrt{\tfrac{1}{3}} = \sin 35^\circ 15' 52''$$

für den Winkel ZAO, übereinstimmend mit dem in Nr. 52 gefundenen Resultate.

Anmerkung. Die Betrachtungen, welche soeben für eine gerade Linie durchgeführt sind, lassen sich leicht auch auf den Fall ausdehnen, wo eine beliebige Curve Y'X'U'V' (Fig. 45) gegeben ist, deren Punkte das Element A erleuchten. Verbindet man nämlich jeden Punkt der Curve mit A und trägt von A aus auf diesen Verbindungslinien Stücke ab, welche die von den einzelnen Punkten auf A ausgesendete Lichtmenge ausdrücken, während es senkrecht zu den einfallenden Lichtstrahlen steht, so erhält man dadurch eine neue Curve, welche die Kraftlinie der ersten heißen mag. Ist die Gleichung der ersten Curve gegeben, so wird man leicht daraus die Gleichung der Kraftlinie ableiten können. Soll nun auf der gegebenen Curve der Punkt bestimmt werden, welcher A am stärksten oder schwächsten beleuchtet, so hat man nur, ebenso wie vorhin, an die Kraftlinie die Tangenten XS oder YT zu ziehen, welche senkrecht auf AQ stehen, die Berührungspunkte X und Y mit A zu verbinden und diese Verbindungslinien zu verlängern, bis sie die gegebene Curve in X' und Y' schneiden. X' und Y' sind dann die verlangten Punkte. Sollte man aber auf der gegebenen Curve einen Bogen von der Länge l abschneiden, so daß durch ihn A am stärksten oder schwächsten erleuchtet wird, so müßte man die Senkrechten UV und U_1V_1 so legen, daß die Verbindungslinien AU und AV oder AU_1 und AV_1 auf der Curve die Bogen U'V' oder $U'_1V'_1$ der Länge l gleich machen.

Auch auf Flächen lassen sich diese Betrachtungen ausdehnen; anstatt der Kraftlinie erhält man nur eine Kraftfläche. Der Fall, wo eine leuchtende Ebene gegeben ist, wird in Nr. 59 durchgeführt werden.

58. In der Geraden OZ, welche auf der Ebene des bei C rechtwinkligen Dreiecks ABC senkrecht steht und die Verlängerung der Seite BC in O schneidet, soll 1) die Lage eines Punktes, 2) die Lage einer Geraden von der Länge l bestimmt werden, welche das Dreieck am stärksten erleuchten.

Es sei M irgend ein leuchtender Punkt auf OZ. Man beschreibe um ihn als Mittelpunkt mit dem Radius 1 eine Kugelfläche und lege durch ihn und die 3 Seiten des Dreiecks 3 Ebenen, so schneiden diese auf der Kugelfläche ein sphärisches Dreieck A′B′C′ aus, von dessen Größe die Menge der Lichtatome abhängt, welche von M aus auf ABC fallen. Man hat also nur nöthig, zu untersuchen, wo der Punkt M liegt, für welchen das Dreieck A′B′C′ seinen größten Werth erreicht. Bezeichnet man die Winkel BMC und CMA durch μ und ν und den Ueberschuß der Winkelsumme des Dreiecks A′B′C′ über 2 Rechte durch δ, so ist der Flächeninhalt δ dieses Dreiecks durch die Formel:

$$(1) \quad \operatorname{tg}\tfrac{1}{2}\delta = \operatorname{tg}\tfrac{1}{2}\mu \operatorname{tg}\tfrac{1}{2}\nu$$

gegeben. Ist nun $BC = a$, $AC = b$, $OC = c$, $MC = r$, so ist, wenn man $MB = \sqrt{r^2+2ac+c^2}$ mit d und $MA = \sqrt{r^2+b^2}$ mit e bezeichnet:

$$\operatorname{tg}\tfrac{1}{2}\mu = \sqrt{\frac{(a+r-d)(a-r+d)}{(a+r+d)(-a+r+d)}}$$

$$\text{und} \quad \operatorname{tg}\tfrac{1}{2}\nu = \sqrt{\frac{(b+r-e)(b-r+e)}{(b+r+e)(-b+r+e)}}.$$

Setzt man noch den Inhalt von $ABC = \varDelta$, so ergiebt sich nach einigen Umformungen:

$$(2) \quad \operatorname{tg}\tfrac{1}{2}\delta = M(r) = \frac{2\varDelta\sqrt{r^2-c^2}}{(r+e)(ac+r^2+rd)}.$$

Um nun M(r) zu einem Maximum zu machen, müßte man

$$M(r) - M(r_1) = 0$$

annehmen, dann durch den Factor $r - r_1$ dividiren und endlich $r = r_1$ setzen. Aus der Gleichung, welche resultirt, ist dann r zu berechnen.

Werden die Seiten a und b des Dreiecks sehr klein, so wird ABC selbst unendlich klein und ebenso δ, man erhält dann annähernd aus (2)

$$\delta = \frac{\varDelta\sqrt{r^2-c^2}}{r^3}.$$

Soll dies ein Maximum werden, so muß $r = c\sqrt{\tfrac{3}{2}}$ sein, ein Resultat, welches mit dem in Nr. 52 gefundenen übereinstimmt.

Soll aber die Lage einer G e r a d e n MQ auf OZ bestimmt werden, welche ABC am stärksten beleuchtet, so hat man nur folgende Betrachtungen anzustellen. Man suche einen Punkt Q, der ABC ebenso stark beleuchtet als M, für welchen also das sphärische Dreieck dieselbe Größe hat, wie für M. Ist $QC = r_1$, so erhält man diesen Punkt Q durch die Gleichung $M(r) = M(r_1)$. Die Linie MQ wird nun ABC stärker beleuchten, als jede andere leuchtende Linie von derselben Länge. MQ sollte aber die Länge l haben. Man muß also noch zu der Gleichung $M(r) = M(r_1)$ die Gleichung

$$\sqrt{r_1^2 - c^2} - \sqrt{r^2 - c^2} = l$$

hinzufügen, um aus diesen beiden Gleichungen r und r_1, d. h. die Lage der Linie MQ vollständig bestimmen zu können.

59. Es sei A (Fig. 44) ein Flächenelement, dessen Ebene senkrecht zu OP ist, und OP stelle den Durchschnitt der Ebene der Figur mit einer anderen Ebene vor, deren Axe OA ist; man soll auf dieser Ebene die Lage und Gestalt einer leuchtenden Fläche von gegebener Größe bestimmen, welche A am stärksten beleuchtet.

Nach der Anmerkung zu Nr. 57 muß man zuerst die der leuchtenden Ebene entsprechende Kraftfläche construiren. Denkt man sich aber OP als leuchtende Linie und construirt dazu die Kraftlinie DA, so entsteht offenbar die Kraftfläche, welche zu der in Rede stehenden leuchtenden Ebene gehört, wenn man diese Kraftlinie um OA dreht. Die Gleichung dieser Curve ist aber, wenn man dieselben Bezeichnungen wie in Nr. 57 beibehält:

$$r = b \cos \theta^2,$$

oder wenn x die Abscisse irgend eines Punktes dieser Curve bedeutet:

$$r^3 = bx^2.$$

Bezeichnet man nun für irgend einen Punkt R der Rotationsfläche die Ordinate RU mit z, und die zu x und z Senkrechte durch y, so ist:

$$r^2 = x^2 + y^2 + z^2.$$

Eliminirt man aus diesen beiden Gleichungen r, so erhält man als Gleichung der Kraftfläche:

$$(1) \quad x^2 + y^2 + z^2 = b^{\frac{2}{3}} x^{\frac{4}{3}}.$$

Schneidet man diese Fläche parallel der xy Ebene in der Höhe c, setzt man also z = c, so wird die Gleichung der Schnittcurve:

$$(2) \quad y^2 = b^{\frac{2}{3}} x^{\frac{4}{3}} - x^2 - c^2.$$

Diese Gleichung geht, wenn man $x = b \sin\varphi^3$ setzt über in:

$$y^2 = b^2 \sin\varphi^4 \cos\varphi^2 - c^2$$

$$\text{oder } y^2 = x^2 \cot\varphi^2 - c^2.$$

Man kann nun x und $x\cot\varphi$, also auch y leicht geometrisch für jeden beliebigen Winkel φ construiren. Man schlage nämlich mit dem Radius b um M einen Kreis (Fig. 47), mache dann den Centriwinkel $BMA = \varphi$, fälle von B auf MA das Loth BC, von C auf MB das Loth CD und endlich wieder von D auf BC das Loth DE, so ist $BE = b\sin\varphi^3 = x$ und $DE = x\cot\varphi$. Denkt man nun den Punkt A mit sämmtlichen Punkten der Schnittcurve, deren Gleichung in (2) gegeben ist, verbunden, so entsteht eine Kegelfläche, welche die leuchtende Ebene in einer Curve schneiden wird. Diese Curve hat aber die Eigenschaft, daß jeder Punkt innerhalb derselben A stärker beleuchtet, als irgend ein anderer Punkt der leuchtenden Ebene, welcher außerhalb dieser Curve liegt.

Es sei (Fig. 48) FKD die Schnittcurve der Kraftfläche in der Höhe c, K irgend ein Punkt derselben, und x, y seine Coordinaten; ferner schneide die Verbindungslinie AK die leuchtende Ebene im Punkte M, dessen Coordinaten OL und LM mit ξ und η bezeichnet werden mögen. Da nun $OA = a$, $AH = c$ ist, so folgt aus der Aehnlichkeit der Dreiecke AEH und ALO:

$$x = \frac{ac}{\xi},$$

und ebenso aus den Dreiecken AEK und ALM:

$$y = \frac{\eta c}{\xi}.$$

Setzt man diese Werthe in die Gleichung (2) ein, so erhält man als Gleichung dieser Schnittcurve auf der leuchtenden Ebene:

$$\eta^2 = (ba\,\xi)^{\frac{2}{3}} c^{-\frac{2}{3}} - a^2 - \xi^2.$$

Diese Gleichung gestaltet sich noch etwas einfacher, wenn man $b = a$ setzt, eine Annahme, die man stets machen kann, ohne der Allgemeinheit zu schaden. Es war nämlich durch die Länge b die Lichtmenge dargestellt worden, welche A von O empfängt, wenn es senkrecht auf OA steht Diese Länge kann man aber beliebig wählen, wenn man nur demgemäß die anderen Längen bestimmt, welche die von anderen Punkten auf A fallende Lichtmengen darstellen.

Setzt man also $b = a$, so wird:

$$\eta^2 = a^2 \xi^{\frac{2}{3}} c^{-\frac{2}{3}} - a^2 - \xi^2.$$

Führt man noch den Hülfswinkel φ ein, indem man

$$\xi = \frac{c}{\sin \varphi^3}$$

setzt, eine Substitution die man immer machen kann, da c stets kleiner als ξ ist, so wird

$$\eta^2 = a^2 \cot \varphi^2 - \frac{c^2}{\sin \varphi^6}$$

die Gleichung der Curve auf der leuchtenden Ebene. Fig. 49 zeigt das Verhältniß zwischen der Schnittcurve auf der Kraftfläche und der zugehörigen Curve auf der leuchtenden Ebene. In welcher Höhe c aber der Schnitt durch die Kraftfläche gelegt werden muß, damit die auf der leuchtenden Ebene entstehende Curve einen gegebenen Inhalt oder Umfang habe, oder auch anderen gegebenen Bedingungen genüge, kann nur mit Hülfe der Integralrechnung gefunden werden.

Offenbar gilt die eben gelöste Aufgabe auch zugleich für den Fall, daß das gegebene Flächenstück, als schwer gedacht, das Element A am stärksten in der Richtung AQ anzieht.

60. Welche Gestalt muß ein gegebenes Quantum Materie haben, damit es auf ein Atom A die stärkste Anziehung in einer bestimmten Richtung ausübe, vorausgesetzt, daß die Anziehung umgekehrt proportional der m^{ten} Potenz der Entfernung wirke.

Man suche zuerst die Curve zu bestimmen, auf welcher alle die Atome liegen, welche A in der gegebenen Richtung AB (Fig. 50) gleich stark anziehen. Ist $AB = a$, und wirkt das Atom B auf das Atom A in der Richtung AB mit der Kraft b, so ist, wenn in der Einheit der Entfernung die Anziehungskraft k ist:

$$b = \frac{k}{a^m}.$$

Nimmt man nun irgend einen anderen Punkt E' an, bezeichnet AE' mit r und Winkel BAE' mit θ, so ist die Kraft, mit welcher A von E' in der Richtung AE' angezogen wird $\frac{k}{r^m}$, folglich die Componente dieser Kraft nach der Richtung AB gleich $\frac{k}{r^m} \cos \theta$. Soll nun die Anziehung, welche E' ausübt, ebenso groß als die von B sein, so hat man:

$$\frac{k}{r^m}\cos\theta = \frac{k}{a^m} \quad \text{oder} \quad r = a\cos\theta^{\frac{1}{m}}.$$

Diese Gleichung lehrt also, wie man zu jedem beliebigen θ das zugehörige r finden kann, wo r die Entfernung aller derjenigen Atome von A bedeutet, welche A in der Richtung AB mit der Kraft b anziehen. Auch erkennt man aus der Gleichung, daß r mit wachsendem θ abnimmt, daß ferner die Curve durch die Punkte A und B geht und zu beiden Seiten von AB symmetrisch liegt. Daraus folgt, daß alle Componenten der Anziehung, welche nach AF gerichtet sind, durch entgegengesetzt gerichtete aufgehoben werden, so daß also das Atom A schließlich von der ganzen Curve nur in der Richtung AB angezogen wird und zwar von jedem Punkt der Curve mit der Kraft b.

Dreht man aber diese Curve um AB und erfüllt den Raum, welcher durch die Rotationsfläche begrenzt wird, gleichförmig mit Materie, so ist diese in die Form gebracht, in welcher sie auf das im Scheitel stehende Atom A die größte Anziehung in der Richtung AB ausübt, und jede Formveränderung dieser Materie würde also auch die Stärke der Attraction vermindern. Es ziehen nämlich alle Atome, welche auf der Oberfläche liegen, das Atom A mit gleicher Kraft b an, die außerhalb liegenden aber mit geringerer Kraft, da ihre Entfernung von A größer ist, während die innerhalb liegenden das Atom A noch mit einer stärkeren Kraft als b anziehen. Legt man daher irgend ein Stück dieses Körpers an eine andere Stelle des Raumes, so werden alle Atome, welche in jenem Stücke des Körpers enthalten sind, jetzt A schwächer anziehen und es wird daher ein Verlust an Attraction in der Richtung der Axe stattfinden.

Für den Inhalt des ganzen Körpers findet man:

$$V = \frac{2m\pi a^3}{3(3+m)},$$

und für die Stärke der Anziehung *):

*) Die Ableitung dieser Formeln auf elementarem Wege würde uns hier zu weit von unserem Zwecke entfernen. Man vergl. darüber Schellbach: Neue Elemente der Mechanik §. 107.

$$A = \frac{3Vk}{(3-m)a^m}.$$

Die Gestalt des Körpers der stärksten Attraction ist von dem speciellen Attractionsgesetz abhängig. Wirkt z. B. die Anziehung umgekehrt proportional der Entfernung, so ist $m = 1$, und die Gleichung der Curve, auf der die Atome liegen, welche A gleich stark in der Richtung AB anziehen, wird unter dieser Voraussetzung:

$$r = a\cos\theta.$$

Die Curve ist also ein Kreis mit dem Durchmesser a, und der Körper der stärksten Attraction ist folglich in diesem Falle eine Kugel.

Für das Naturgesetz $m = 2$, wird die Gleichung der Curve

$$r^2 = a^2\cos\theta.$$

In diesem Falle kann man leicht durch geometrische Construction die einzelnen Punkte der Curve bestimmen.

Man beschreibe nämlich über $AB = a$ als Durchmesser einen Halbkreis, ziehe die Sehne AE, so daß $EAB = \theta$ wird. Macht man nun $AC = AE = a\cos\theta$, und errichtet in C ein Perpendikel CD, welches in D die Peripherie schneidet, verbindet A mit D, so ist $AD^2 = AC.AD = a^2\cos\theta$. Trägt man daher AD auf AE ab, so daß $AE' = AD$ wird, so ist E' ein Punkt der Curve. Der Inhalt des Körpers und die Stärke seiner Attraction werden aber:

$$V = \tfrac{4}{15}\pi a^3 \quad \text{und} \quad A = \frac{3Mk}{a^2},$$

wo M die Masse des Körpers bezeichnet.

Bekanntlich ist aber für eine Kugel mit dem Radius r, welche dasselbe Volumen V hat:

das Volumen $V = \frac{4}{3}\pi r^3$ und ihre Anziehung $A' = \dfrac{Mk}{r^2}$,

folglich $a = r\sqrt[3]{5}$, und

$$\frac{A}{A'} = \frac{3r^2}{a^2} = \frac{3}{\sqrt[3]{25}}$$

oder $A = A'.1{,}02598 = 1\tfrac{2}{77}A'$.

Die Anziehung einer kugelförmigen Masse auf einen Punkt ihrer Oberfläche, könnte daher nur höchstens um $\frac{2}{77}$ ihres Gesammtbetrags vergrößert werden, selbst wenn man dieser Masse die passendste

Gestalt gäbe. Die geschickteste Umformung der Erdgestalt würde also nur bewirken, daß an Einem bestimmten Punkte der Erde, eine Masse von 77 ℔ um 2 ℔ schwerer würde.

Viertes Kapitel.

Aufgaben mit mehreren Veränderlichen.

61. In ein Dreieck vier übereinanderliegende Rechtecke (Fig. 51) so zu beschreiben, daß ihre Summe ein Maximum wird.

Es sei die Grundlinie des gegebenen Dreiecks a, der ihr gegenüberliegende Winkel α, die beiden anliegenden Winkel β und γ und die Höhen der vier Rechtecke x, y, z und u. Dann wird die Grundlinie des unteren Rechtecks, wenn man $\cot\beta + \cot\gamma = n$ setzt:

$$a - nx.$$

Ebenso werden die Grundlinien der anderen drei Rechtecke resp. $a - n(x+y)$, $a - n(x+y+z)$ und $a - n(x+y+z+u)$. Es wird also der Inhalt M aller 4 Rechtecke:

$$M = a(x+y+z+u) - n(x^2 + (x+y)y + (x+y+z)z + (x+y+z+u)u),$$

eine Funktion, welche in Bezug auf die 4 Veränderlichen x, y, z und u symmetrisch ist, wie man sich durch Auflösen der Klammern im Faktor von n überzeugt. Es sind nun die Größen x, y, z, u so zu bestimmen, daß M ein Maximum wird. Nimmt man aber für y, z und u irgend welche Werthe an, die von x unabhängig sind, so hätte man in dem Ausdruck für M, nur noch x als die einzige Veränderliche so zu bestimmen, daß M ein Maximum wird. Man kann also zur Bestimmung dieser Unbekannten die frühere Methode anwenden, indem man y, z und u als constant ansieht. Bezeichnet man in dem Ausdruck für M $y+z+u$ mit v und die Summe aller Glieder, in denen x nicht vorkommt, mit w, so erhält man:

$$M = (a - nv)x - nx^2 + w.$$

Aus dieser Gleichung ergiebt sich nach der gewöhnlichen Methode:

$$v + 2x = \frac{a}{n},$$

oder, wenn $x+y+z+u = s$ gesetzt wird:

$$(1) \quad s + x = \frac{a}{n}.$$

Diese Gleichung gilt immer, welche Werthe man auch dem y, z und u beilegen mag.

Wendet man dieselben Betrachtungen noch auf y, z und u an, so erhält man offenbar zur Bestimmung von x, y, z und u folgende 4 Gleichungen:

$$s+x=\frac{a}{n},$$

$$s+y=\frac{a}{n},$$

$$s+z=\frac{a}{n},$$

$$s+u=\frac{a}{n}.$$

Die Summe dieser Gleichungen liefert:

$$5s=\frac{4a}{n},$$

also $$x=y=z=u=\frac{a}{5n}$$

$$=\frac{a}{5(\cot\beta+\cot\gamma)}.$$

Es ist aber

$$\frac{a}{\cot\beta+\cot\gamma}=\frac{a\sin\beta\sin\gamma}{\sin\alpha}$$

$$=b\sin\gamma=h,$$

wenn b die dem Winkel β gegenüberliegende Seite, und h die Höhe des Dreiecks auf der Grundlinie a bedeutet.

Setzt man diese Werthe ein, so erhält man:

$$x=y=z=u=\tfrac{1}{5}h.$$

Man sieht also, daß die Lösung nur von der Höhe des Dreiecks abhängig ist.

Daß nun aber die gefundenen Werthe einem Maximum entsprechen, ist leicht einzusehen; denn M wird Null, wenn alle Höhen der Rechtecke Null werden, und auch wenn eine derselben $=h$ ist, die übrigen aber Null.

Die Methode, welche in diesem Beispiel angewandt ist, läßt sich überhaupt für alle Aufgaben mit mehreren Veränderlichen gebrauchen, wenn nur ebenso wie hier vorausgesetzt ist, daß diese Veränderlichen von einander vollständig unabhängig sind. Ist dies nicht der Fall, sondern sind zwischen den Veränderlichen noch Bedingungsgleichungen gegeben, so kann man die angegebene Methode noch nicht sogleich anwenden, sondern man muß erst mit Hülfe der gegebenen Bedingungsgleichungen soviel Veränderliche eliminiren, als die Anzahl dieser Gleichungen beträgt. Die Veränderlichen, welche man dann noch übrig behält, sind vollständig unabhängig von einander, und man kann nun die obige Methode in Anwendung bringen.

Wäre z. B. in der so eben behandelten Aufgabe noch bestimmt, daß die Höhe des 2ten Rechtecks doppelt so groß sein soll, als die des ersten, so hätte man also die Bedingungsgleichung:

$$y = 2x.$$

Diesen Werth des y müßte man zuerst in M einsetzen, dann würde:

$$M = a(3x+z+u)-n(7x^2+(3x+z)z+(3x+z+u)u).$$

In diesem Ausdruck nun sind x, z und u ganz unabhängig von einander, und man darf daher jetzt die angegebene Methode anwenden.

62. Von einem senkrechten Parallelepipedum ist der Inhalt $= k^3$ gegeben. Der Preis für die Bearbeitung von je zwei parallelen Grenzflächen desselben beträgt resp. α, β und γ Groschen für den Quadratfuß. Wie sind die Dimensionen des Parallelepipedums zu wählen, damit der Preis M ein Minimum wird?

Sind die 3 Kanten des Parallelepipedums x, y, z, so ist:

$$(1) \quad xyz = k^3$$

$$\text{und} \quad (2) \quad M = 2\alpha yz + 2\beta xz + 2\gamma xy.$$

x, y und z sind nun so zu bestimmen, daß M ein Minimum wird. Aus (1) folgt:

$$z = \frac{k^3}{xy},$$

folglich, wenn man diesen Werth in (2) einsetzt:

$$M = \frac{2\alpha k^3}{x} + \frac{2\beta k^3}{y} + 2\gamma xy.$$

Da nun x und y von einander unabhängig sind, so darf nach der angegebenen Methode verfahren werden. Man erhält dann die beiden Gleichungen:

$$\frac{\alpha k^3}{x^2} = \gamma y$$

$$\text{und} \quad \frac{\beta k^3}{y^2} = \gamma x.$$

Hieraus folgt mit Hülfe der Gleichung (1):

$$\frac{x}{\alpha} = \frac{y}{\beta} = \frac{z}{\gamma} = \frac{k}{\sqrt[3]{\alpha\beta\gamma}}.$$

63. Von einer dreiseitigen Pyramide ist die Grundfläche und die Höhe gegeben; ferner sei der Preis für die Bearbeitung eines Quadratfußes auf den verschiedenen Seitenflächen resp. α, β, γ Groschen. Wie ist die Pyramide zu construiren, damit der Preis für die Bearbeitung der 3 Seitenflächen ein Minimum werde.

Es seien a, b, c die 3 Seiten der Grundfläche, man fälle auf dieselben vom Fußpunkte der Höhe h der Pyramide die Perpendikel x, y und z. Bedeutet nun Δ den Inhalt der Grundfläche, so ist:

$$(1) \quad ax+by+cz = 2\Delta.$$

Ferner findet man für den Preis M der 3 Seitenflächen leicht den Ausdruck:

$$(2) \quad M = \tfrac{1}{2}\alpha a\sqrt{h^2+x^2}+\tfrac{1}{2}\beta b\sqrt{h^2+y^2}+\tfrac{1}{2}\gamma c\sqrt{h^2+z^2}.$$

Es sollen nun x, y und z so bestimmt werden, daß unter Berücksichtigung der Gleichung (1) M ein Minimum wird.

Eliminirt man z aus (1) und (2) und betrachtet dann zuerst y als constant, so erhält man nach der gewöhnlichen Methode für das x, welches M zu einem Minimum macht, die Gleichung:

$$(3) \quad \frac{\alpha x}{\sqrt{h^2+x^2}} = \frac{\gamma z}{\sqrt{h^2+z^2}}$$

und ebenso, wenn man x als constant betrachtet für y:

$$(4) \quad \frac{\beta y}{\sqrt{h^2+y^2}} = \frac{\gamma z}{\sqrt{h^2+z^2}}.$$

Aus den Gleichungen (1), (3) und (4) sind nun die Werthe von x, y und z zu ermitteln.

Ist $\alpha = \beta = \gamma$, so folgt auch $x = y = z$, d. h. es wird die Oberfläche der Pyramide ohne die Grundfläche ein Minimum, wenn man dieselbe so construirt, daß ihre Höhe die Grundfläche in dem Mittelpunkt des ihr eingeschriebenen Kreises trifft.

Haben aber α, β und γ von einander verschiedene Werthe, so setze man:

$$\frac{h^2+x^2}{\alpha^2 x^2} = \frac{h^2+y^2}{\beta^2 y^2} = \frac{h^2+z^2}{\gamma^2 z^2} = u.$$

Alsdann geht die Gleichung (1) über in:

$$(4) \qquad \frac{a}{\sqrt{\alpha^2 u-1}} + \frac{b}{\sqrt{\beta^2 u-1}} + \frac{c}{\sqrt{\gamma^2 u-1}} = \frac{2\Delta}{h}.$$

Von der Lösung dieser Gleichung, welche in Bezug auf u einen sehr hohen Grad annimmt, hängt im Allgemeinen die Lösung der Aufgabe ab.

Um nun die Gleichung durch Näherung aufzulösen, schlage man folgenden Weg ein. Man setze:

$$u = \frac{1}{v^2}, \qquad \frac{v}{\alpha} = \sin\varphi,$$

$$\frac{v}{\beta} = \sin\psi \quad \text{und} \quad \frac{v}{\gamma} = \sin\chi.$$

Alsdann nimmt die Gleichung die Gestalt an:

$$a \operatorname{tg}\varphi + b \operatorname{tg}\psi + c \operatorname{tg}\chi = \frac{2\Delta}{h}.$$

Es sei z. B. $a = 3$, $b = 4$, $c = 5$, $h = 6$, $\alpha = 6$, $\beta = 10$, $\gamma = 100$, folglich $\Delta = 6$. Man hat alsdann die Gleichung zu befriedigen:

$$(a) \qquad 3 \operatorname{tg}\varphi + 4 \operatorname{tg}\psi + 5 \operatorname{tg}\chi - 2 = 0.$$

Man sieht zunächst aus derselben, daß diese Winkel φ, ψ und χ klein sein müssen. Man kann daher die Tangenten und Sinusse dieser Winkel mit ihren Bogen vertauschen. Da aber unter dieser Voraussetzung $\varphi = \frac{v}{\alpha}$, $\psi = \frac{v}{\beta}$ und $\chi = \frac{v}{\gamma}$ ist, so erhält man

$$v(05 + 0{,}4 + 0{,}05) = 2$$

oder

$$v = \frac{1}{0{,}475} = 2{,}10526.$$

Dieser Werth ist als erster Näherungswerth zu betrachten. Aus ihm erhält man mit Hülfe der Gleichungen $\frac{v}{\alpha} = \sin\varphi$, etc.:

$$\varphi = 20^0\,32'\,30'',$$
$$\psi = 12^0\;\;9'\,10'',$$
$$\chi = \;\;1^0\,12'\,20''.$$

Setzt man diese Werthe in (a) ein, so ist, wenn man noch die linke Seite dieser Gleichung mit d bezeichnet:

$$d = 0{,}09079;$$

woraus man schließt, daß der Werth von v zu groß war. Man wähle also für v einen kleineren Werth, z. B. $v = 2$. Die zu diesem Werthe gehörigen Winkel φ, ψ und χ sind aber:

$$\varphi = 19^0\,28'\,16'',$$
$$\psi = 11^0\,32'\,13'',$$
$$\chi = \;\;1^0\;\;8'\,45''.$$

Es wird also

$$d = -0{,}02085.$$

Man weiß nun, daß der wahre Werth von v zwischen 2 und 2,10526 liegt. Eine genauere Bestimmung ergiebt sich hieraus nach dem in Nr. 33 angegebenen Interpolationsverfahren. Bedeutet nämlich y die Correction für $v = 2$, so ist:

$$\frac{y}{0{,}02085} = \frac{0{,}10526}{0{,}11164}$$

oder

$$y = 0{,}01966.$$

Der corrigirte Werth von v wird also:

$$v = 2{,}01966.$$

Mit diesem Werthe berechnet man wieder die zugehörigen Winkel φ, ψ und χ. Man erhält:

$$\varphi = 19^0\,40'\,13'',7,$$
$$\psi = 11^0\,39'\;\;0'',7,$$
$$\chi = \;\;1^0\;\;9'\,26'',1.$$

Mithin wird:

$$d = -0{,}00173.$$

Vergleicht man diese Differenz mit der für $v = 2{,}10526$ gefundenen, so kann man hieraus wieder einen Werth y finden, der zu $v = 2{,}01966$ addirt, einen genaueren Werth für v liefert.

Es ist nämlich wieder:

$$\frac{y}{0{,}00173} = \frac{0{,}08560}{0{,}09252}$$

oder $$y = 0{,}00160.$$

Hieraus ist der corrigirte Werth von v:

$$v = 2{,}02126.$$

Für diesen Werth werden die Winkel φ, ψ und χ:

$$\varphi = 19^0\,41'\,12'',11,$$
$$\psi = 11^0\,39'\,40'',72,$$
$$\chi = 1^0\;\;9'\,29'',44.$$

Setzt man diese Werthe in (a), so wird

$$d = -0{,}000004,$$

so daß jetzt 5 Decimalstellen von v gefunden sind. Da aber $\frac{1}{v^2} = u = \frac{h^2+x^2}{\alpha^2 x^2}$ war, so ist

$$x = \frac{hv}{\sqrt{(\alpha-v)(\alpha+v)}}.$$

Setzt man die Werthe für h, v und α ein, so erhält man:

$$x = 2{,}14674$$

Ebenso erhält man:

$$y = 1{,}23821 \quad \text{und}$$
$$z = 0{,}12130.$$

Ergiebt sich die Wurzel v kleiner als 1, so erhält man dieselbe sehr schnell, wenn man die Glieder der Gleichung:

$$\frac{av}{\alpha\sqrt{1-\frac{v^2}{\alpha^2}}} + \frac{bv}{\beta\sqrt{1-\frac{v^2}{\beta^2}}} + \frac{cv}{\gamma\sqrt{1-\frac{v^2}{\gamma^2}}} = \frac{2\Delta}{h}$$

nach Potenzen von v entwickelt und von der entwickelten Reihe successive die höheren Potenzen in Rechnung zieht. Hat nämlich die entwickelte Reihe die Gestalt:

$$av + bv^3 + cv^5 + \cdots = s,$$

so erhält man zuerst:

$$v = \frac{s}{a},$$

dann mit Hülfe dieses Werthes, wenn man noch das 2te Glied hinzunimmt:

$$v' = \frac{s}{a + bv^2}$$

und als 3ten Näherungswerth aus den drei ersten Gliedern:

$$v'' = \frac{s}{a+bv'^2+cv'^4},$$

ferner:

$$v''' = \frac{s}{a+bv''^2+cv''^4+dv''^6} \text{ etc.}$$

64. Es ist ein gerader Kegel gegeben; man soll in denselben einen Cylinder und über demselben noch einen Kegel, welcher mit der Spitze auf dem Cylinder steht, beschreiben. Wann ist der Inhalt M des Cylinders und Kegels am größten?

Es sei r (Fig. 61) der Radius der Grundfläche, h die Höhe des gegebenen Kegels. Man bezeichne die Höhe des eingeschriebenen Cylinders mit y, die des eingeschriebenen Kegels mit v, ferner die Radien der Grundflächen des Cylinders und Kegels resp. mit x und u. Dann ist:

$$(1) \quad M = \pi x^2 y + \tfrac{1}{3}\pi u^2 v.$$

Es finden aber die Bedingungsgleichungen Statt:

$$y = \frac{h}{r}(r-x) \quad \text{und}$$

$$v = \frac{h}{r}(r-u).$$

Setzt man diese Werthe für y und v in (1) ein, so wird

$$M = \frac{\pi h}{r}(x^2(r-x)+\tfrac{1}{3}u^2(x-u)).$$

x und u sind nun von einander unabhängige Größen. Um daher die Werthe derselben zu erhalten, welche M zu einem Maximum machen, sieht man zuerst x, dann u als constant an, und verfährt dann nach der bekannten Methode. Man erhält:

$$2rx-3x^2+\tfrac{1}{3}u^2=0$$

$$\text{und} \qquad \tfrac{2}{3}x-u=0.$$

Aus diesen beiden Gleichungen ergiebt sich:

$$x=\tfrac{54}{77}r, \quad u=\tfrac{36}{77}r \text{ und daraus:}$$

$$y=\tfrac{23}{77}h, \quad v=\tfrac{41}{77}h.$$

65. In einen Quadranten zwei übereinanderliegende Rechtecke zu beschreiben, deren Summe ein Maximum ist.

Es sei (Fig. 52) M der Mittelpunkt des Kreises, der Radius desselben $= 1$, ferner CM und EN die beiden Rechtecke. Man verbinde M mit C und E und bezeichne die Winkel BMC und EMG mit φ und ψ. Alsdann ist die doppelte Summe 2M der beiden Rechtecke:

$$2M = 2\sin\varphi\cos\varphi + 2\sin\psi(\cos\psi - \sin\varphi)$$

oder $$2M = \sin 2\varphi + \sin 2\psi - 2\sin\varphi\sin\psi.$$

Indem man nun zuerst φ, dann ψ als constant betrachtet, erhält man nach der gewöhnlichen Methode für die Werthe von φ und ψ, welche M zu einem Maximum machen, die beiden Gleichungen:

$$\cos 2\varphi = \sin\psi\cos\varphi$$

und $$\cos 2\psi = \sin\varphi\cos\psi.$$

Aus diesen beiden Gleichungen erhält man durch Addition und Subtraction:

$$(1) \quad 2\cos(\varphi+\psi)\cos(\varphi-\psi) = \sin(\varphi+\psi)$$

und $$(2) \quad 2\sin(\varphi-\psi)\sin(\varphi+\psi) = \sin(\varphi-\psi).$$

Die Gleichung (2) wird aber befriedigt, wenn entweder $\sin(\varphi+\psi) = \frac{1}{2}$ oder $\sin(\varphi-\psi) = 0$, d. h. $\varphi = \psi$ ist. Man könnte hier leicht geneigt sein, den Faktor $\sin(\varphi-\psi)$ in der Gleichung (2) fortzuheben, allein die folgende Betrachtung wird lehren, daß gerade dieser Factor die richtige Auflösung giebt.

Setzt man aber $\varphi = \psi$, so folgt aus (1)

$$\operatorname{tg} 2\varphi = 2.$$

Um nun nachzuweisen, daß $\varphi = \psi$ wirklich die richtige Auflösung ist, verlängere man EL bis K und betrachte MG als Basis. Dann wird aber EM mit dem Winkel ψ das untere Rechteck, während CK mit dem Winkel φ an Stelle des oberen tritt. Diese Lage ist nun mit der ersten vollkommen identisch, es muß also für sie dasselbe gelten, wie für die erste. Dies ist aber nicht anders möglich, als wenn $\varphi = \psi$ ist.

Denkt man sich den Quadranten des Kreises zu einem Halbkreise vervollständigt, und verlängert man CN und EH, bis sie die Peripherie des Kreises in D und F schneiden, so sind AC und ED die beiden über einander liegenden Rechtecke im Halbkreise, deren Summe ein Maximum ist, denn sie sind das Doppelte der in den Quadranten eingeschriebenen.

Die Aufgabe, in den Quadranten oder in den Halbkreis drei über einander liegende Rechtecke zu beschreiben, deren Summe ein Maximum ist, läßt sich ebenfalls leicht lösen.

Es seien (Fig. 53) GA, FC′ und ED′ die drei übereinanderliegenden Rechtecke, deren Summe ein Maximum ist. Verlängert man aber DD′ und CC′, bis sie MA in K und L schneiden, und nimmt man dann ME als Basis an, so sind EK, D′L und C′A auch die Rechtecke, deren Summe ein Maximum ist. Da nun in dieser Lage alles identisch ist mit der vorigen, so folgt, daß die Rechtecke ganz symmetrisch in Bezug auf ME und MA liegen müssen. Verbindet man daher B, C und D mit M, so muß Winkel CMA=CME=45° und BMA = DME sein. Dieser Winkel, welcher mit φ bezeichnet werden möge, ist nun noch so zu bestimmen, daß die Summe der 3 Rechtecke M ein Maximum wird.

Offenbar ist aber, wenn der Radius des Kreises = 1 gesetzt wird:

$$2M = 2\sin\varphi\cos\varphi + 2\sin\tfrac{1}{4}\pi(\cos\tfrac{1}{4}\pi - \sin\varphi) + 2\sin\varphi(\cos\varphi - \sin\tfrac{1}{4}\pi),$$

$$\text{oder}\quad 2M = 4\sin\varphi(\cos\varphi - \sin\tfrac{1}{4}\pi) + 1.$$

Es ist nun φ so zu bestimmen, daß

$$\sin\varphi(\cos\varphi - \sin\tfrac{1}{4}\pi),$$

$$\text{oder}\quad \tfrac{1}{2}\sin 2\varphi - \sin\varphi\sin\tfrac{1}{4}\pi$$

ein Maximum wird.

Es folgt für φ die Gleichung

$$\cos 2\varphi = \sin\varphi\sin\tfrac{1}{4}\pi,$$

$$\text{oder}\quad \cos\varphi = \tfrac{1}{4}\left(\sqrt{\tfrac{1}{2}} + \sqrt{\tfrac{17}{2}}\right).$$

66. Zwischen drei Dörfern A, B, C (Fig. 55), welche nicht in gerader Linie liegen, soll ein Brunnen gegraben werden. Ein Fuß der Röhrenleitung vom Brunnen nach A, B, C möge resp. a, b, c Groschen kosten. Wo ist der Brunnen zu graben, damit der Preis für die ganze Röhrenleitung ein Minimum wird?

Es sei O der Punkt, an welchem der Brunnen gegraben werden muß, und die Entfernungen OA, OB und OC seien x, y, und z. Man verlängere noch CO über O hinaus und bezeichne den Winkel DOA mit α und DOB mit β.

Der Preis für die ganze Röhrenleitung beträgt aber:

$$ax + by + cz \text{ Groschen.}$$

Nimmt man nun z als constant an, so ist nur $ax+by$ zu einem Minimum zu machen. Es ist dies aber dieselbe Aufgabe wie in Nr. 33, wenn man dort nur $\frac{1}{a}$ statt g und $\frac{1}{b}$ statt g' setzt. Man erhält daher als Bedingungsgleichung für den Punkt O:

$$\frac{1}{a\sin\alpha}=\frac{1}{b\sin\beta}$$

$$\text{oder}\quad \frac{b}{\sin\alpha}=\frac{a}{\sin\beta}.$$

Denkt man sich jetzt y als constant, so erhält man durch dieselbe Betrachtung, wenn man noch BO über O hinaus verlängert und AOE mit γ bezeichnet, zur Bestimmung von a die Gleichung:

$$\frac{1}{c\sin\beta}=\frac{1}{a\sin\gamma}\quad\text{oder}\quad\frac{a}{\sin\beta}=\frac{c}{\sin\gamma}.$$

Man hat also zur Bestimmung der Lage des Punktes O die Gleichungen:

$$\frac{a}{\sin\beta}=\frac{b}{\sin\alpha}=\frac{c}{\sin\gamma}.$$

Führt man statt der Winkel α, β, γ ihre Nebenwinkel ein, so erhält man:

$$\frac{a}{\sin BOC}=\frac{b}{\sin AOC}=\frac{c}{\sin AOB}.$$

Construirt man also ein Dreieck, dessen drei Seiten sich wie die Preise a, b und c verhalten, so sind die Außenwinkel dieses Dreiecks gleich den Winkeln AOB, AOC und BOC.

Diese Auflösung gilt nur so lange, als die Summe zweier Preise größer ist als der dritte, und so lange außerdem noch $\angle BAC$ kleiner als der Winkel BOC ist. Treten aber diese Ausnahmsfälle ein, so ist der Punkt O nur durch eine besondere Discussion zu finden, in welcher die numerischen Werthe der Data zu berücksichtigen sind.

Fünftes Kapitel.

Vermischte Aufgaben.

67. Drei Dörfer A, B, C (Fig. 54) liegen in gerader Linie; es soll auf dieser Geraden ein Brunnen gegraben, und von demselben das Wasser durch besondere Röhren nach A, B und C geleitet werden. Wenn nun ein Fuß der Röhrenleitung nach A α, ein Fuß nach B β und ein Fuß nach C γ Groschen kostet, wo ist dann der Brunnen zu graben, damit die ganze Röhrenleitung so wenig wie möglich kostet?

Es seien die Entfernungen $AB = a$ und $AC = b$, $AD = x$. Alsdann hat man für den Preis M der ganzen Röhrenleitung

$$(1) \quad M = \alpha x + \beta(a - x) + \gamma(b - x).$$

Man sieht hieraus daß M eine Funktion ersten Grades von x ist. Würde man sich diese Funktion graphisch darstellen, indem man x als Abscissen, M als Ordinaten aufträgt, so erhielte man eine gerade Linie. Eine solche liefert aber weder ein Maximum noch ein Minimum. Die allgemeine Methode würde also hier die Maximal- oder Minimalwerthe von M nicht liefern, da eine Funktion ersten Grades, wenn die Veränderliche alle Werthe von $-\infty$ bis $+\infty$ durchläuft, überhaupt kein Maximum oder Minimum hat, wenigstens nicht in dem Sinne, wie wir es definirt haben. Nun können aber dennoch für eine bestimmte Stelle des Brunnens die Kosten der Röhrenleitung einen kleinsten Werth annehmen. Es muß also hier die Bedeutung des Minimums einen anderen Sinn haben. Zunächst ist klar, daß der Ausdruck, welcher den Preis für die Röhrenleitung nach jedem einzelnen Dorfe liefert, ein positiver sein muß, da ein negativer Preis hier keinen Sinn hat. Es muß daher in Gleichung (1) $(a - x)$ und $(b - x)$ positiv sein, d. h. der Brunnen zwischen den Dörfern A und B liegen. Man hat aber aus Gleichung (1)

$$M = a\beta + b\gamma - (\beta + \gamma - \alpha)x.$$

Ist nun $\beta + \gamma - \alpha$ positiv, so wird M so klein als möglich wenn x seinen größten Werth hat. Da aber der Brunnen zwischen A und B liegen soll, so kann x höchstens $= a$ werden. Dann muß also der Brunnen im Dorfe B gegraben werden, und der Preis für die Röhrenleitung beträgt dann:

$$ax + \gamma(b - a).$$

Würde man x noch größer annehmen, so würde M zwar noch kleiner werden, aber dann würde M nicht mehr die richtige Bedeutung gemäß der gegebenen Aufgabe haben, indem man dann auch negative Preise mit in Rechnung gezogen hätte.

Ist aber $\beta+\gamma-\alpha$ negativ, so schreibe man:

$$M = a\beta + b\gamma + (\alpha-\beta-\gamma)x.$$

M wird folglich unter dieser Voraussetzung am kleinsten, wenn $x = 0$ ist, d. h. wenn der Brunnen in A gegraben wird.

Ist endlich $\beta+\gamma-\alpha = 0$ so kann der Brunnen irgend wo auf der Geraden AC liegen.

Dieselben Betrachtungen lassen sich auch anstellen, wenn man den Punkt A mit C vertauscht.

68. In ein Dreieck ein anderes zu beschreiben, welches den kleinsten Umfang hat.

Es sei ABC (Fig. 56) das gegebene Dreieck. Man nehme an, zwei Eckpunkte D und E auf den Seiten AB und AC wären schon gefunden, dann ist noch auf der dritten Seite BC der Punkt X so zu bestimmen, daß DX+EX ein Minimum wird.

Dies geschieht aber, wenn man den Punkt x so wählt, daß DX und EX mit BC gleiche Winkel bilden. Was nun von einem Eckpunkt des eingeschriebenen Dreiecks gilt, muß aber auch von allen dreien gelten. Das eingeschriebene Dreieck mit dem kleinsten Umfang muß daher die Eigenschaft haben, daß je zwei seiner Seiten mit der Seite des gegebenen Dreiecks, auf welcher sie sich schneiden, gleiche Winkel bilden. Ein solches Dreieck aber ist dasjenige, welches man erhält, wenn man die 3 Fußpunkte der Lothe mit einander verbindet. Sind nämlich D, E und F die Fußpunkte der 3 Lothe, G ihr Durchschnittspunkt, so läßt sich ein Kreis legen durch die 4 Punkte BDEC; daraus folgt $\angle EBC = \angle EDC$. Ebenso läßt sich ein Kreis legen durch BDGF, woraus folgt GBF = GDF, mithin auch GD'F = EDC. Sind aber die Winkel gleich, welche DE und DF mit dem Lothe CD bilden, so bilden sie auch gleiche Winkel mit der Dreiecksseite AB selbst. Für die anderen Ecken folgt die Gleichheit der Winkel ebenso.

69. An den Punkten A und B ist eine Schnur befestigt, auf welcher eine Laterne gleiten kann. An welchem Punkte D (Fig. 62) wird die Laterne am tiefsten hängen, also in Ruhe bleiben?

Es sei BC die Richtung der Vertikalen AC senkrecht auf BC, ferner sei $AC = a$, $BC = b$. Man ziehe von D auf AC das Loth $DE = M$

und bezeichne AE mit x. Man hat dann x so zu bestimmen, daß M ein Maximum wird. Ist die Länge der Schnur $ADB = l$, so hat man:

$$(1) \quad \sqrt{x^2+M^2}+\sqrt{(a-x)^2+(M-b)^2} = l.$$

Nimmt man nun einen anderen Punkt D_1 an, in welchem die Laterne ebenso tief hängt, also M dasselbe bleibt, so ist, wenn man die Abscisse dieses Punktes mit x_1 bezeichnet:

$$\sqrt{x^2+M^2}+\sqrt{(a-x)^2+(M-b)^2} = \sqrt{(x_1^2+M^2)}+\sqrt{(a-x_1)^2+(M-b)^2}.$$

Aus dieser Gleichung schaffe man den Factor $x-x_1$ fort, und setze dann $x = x_1$. Man erhält alsdann für das x, welches M zu einem Maximum macht, die Gleichung:

$$\frac{a-x}{\sqrt{(a-x)^2+(M-b)^2}} = \frac{x}{\sqrt{x^2+M^2}},$$

und hieraus folgt:

$$(2) \quad \frac{M-b}{a-x} = \frac{M}{x}.$$

Es ist aber

$$\frac{M-b}{a-x} = \cot EDB \quad \text{und} \quad \frac{M}{x} = \cot ADE,$$

mithin müssen für den tiefsten Punkt, welchen die Laterne einnehmen kann, die Winkel EDB und ADE gleich sein.

Bekanntlich liegt der Punkt D auf einer Ellipse, deren Brennpunkte A und B sind. Denkt man sich diese Ellipse und auf ihr die Laterne gleitend, so wird sie nur in dem Punkte ruhen bleiben, wo die Richtung der Schwerkraft normal zu der Curve steht, denn nur in diesem Punkte wird die Schwerkraft vollständig durch den Widerstand der Curve aufgehoben. Es muß daher DE Normale der Ellipse sein. Will man nun den Werth von x berechnen, welcher M zu einem Maximum macht, so setze man aus (2):

$$M-b = (a-x)\frac{M}{x}.$$

Alsdann erhält man aus Gleichung (1):

$$\sqrt{x^2+M^2} = \frac{l}{a}x$$

oder (3)

$$x^2+M^2=\frac{l^2}{a^2}x^2.$$

Nun ist aber aus (2)

$$M=\frac{bx}{2x-a},$$

folglich nimmt (3) die Form an:

$$1+\frac{b^2}{(2x-a)^2}=\frac{l^2}{a^2},$$

mithin

$$x=\tfrac{1}{2}\left(a+\frac{ab}{\sqrt{l^2-a^2}}\right).$$

Hätte man die Gleichung (1) nach M aufgelöst, und dann die gewöhnliche Methode angewandt, so würde die Rechnung beschwerlicher geworden sein.

70. Kürzeste Linie auf dem geraden Kegel.

MC (Fig. 57) sei die Axe des geraden Kegels ACB, AC $=$ s die Kante desselben, AM $=$ r der Radius seiner Basis, man soll zwischen zwei gegebenen Punkten A und E der krummen Oberfläche die kürzeste Linie bestimmen.

Man ziehe aus C eine beliebige Kante des Kegels, welche den Grundkreis in F, die kürzeste Linie in G schneiden möge, verbinde ferner F mit M, und bezeichne CG mit x, W. AMF mit θ. Alsdann kommt es darauf an eine Gleichung zwischen x und θ zu finden; denn aus derselben könnte man zu jedem beliebigen θ das zugehörige x, also den entsprechenden Punkt auf der kürzesten Linie finden. Die Lage des Punktes E sei nun gegeben durch CE $=$ a und W. AMD $=\alpha$.

Wickelt man den Kegel ab, so verwandelt sich seine Oberfläche in den Kreissector A′C′A$_1$, die Peripherie des Grundkreises in den Bogen A′F′D′A$_1$. Die kürzeste Linie AGE aber geht in die Gerade A′G′E′ über, weil beim Abwickeln des Kegels die Längen aller Curven auf seiner Oberfläche unverändert bleiben, und die Gerade die kürzeste Linie zwischen zwei Punkten ist.

Die Länge dieser kürzesten Linie kann man daher unmittelbar aus dem Dreieck A′C′E′ berechnen, indem der Winkel A′C′E′ $=\alpha'$

leicht durch α auszudrücken ist. In einem Kreise mit dem Radius r ist nämlich der zu einem Centriwinkel φ gehörige Bogen $= r\varphi$, folglich erhält man, A'B' einmal als Bogen in dem Kreise um C' dann in dem Grundkreise des Kegels betrachtet, die Gleichung:

$$s\alpha' = r\alpha \quad \text{oder} \quad \alpha' = \frac{r\alpha}{s}.$$

Man hat mithin für die Länge der kürzesten Linie zwischen A und E

$$AE = A'E' = \sqrt{s^2 + a^2 - 2as\cos\frac{r\alpha}{s}}.$$

Will man aber die kürzeste Linie auf dem Kegel selbst construiren, so muß man ihre Gleichung entwickeln. Zu dem Zwecke setze man

$$W.\ A'C'F' = \theta', \qquad A'G'C' = \varphi.$$

Man erhält alsdann aus den Dreiecken C'G'A' und C'G'E':

$$(1) \quad x\sin\varphi = s\sin(\varphi + \theta'),$$

$$(2) \quad x\sin\varphi = a\sin(\varphi - (\alpha' - \theta')),$$

woraus folgt:

$$(3) \quad x = s\cos\theta' + s\sin\theta'\cot\varphi,$$

$$(4) \quad x = a\cos(\alpha' - \theta') - a\sin(\alpha' - \theta')\cot\varphi.$$

Eliminirt man hieraus $\cot\varphi$, so ergiebt sich:

$$x(s\sin\theta' + a\sin(x' - \theta')) = as(\cos(a' - \theta')\sin\theta' + \sin(\alpha' - \theta')\cos\theta')$$
$$= as\sin\alpha',$$

mithin:

$$(5) \qquad x = \frac{as\sin\alpha'}{s\sin\theta' + a\sin(\alpha' - \theta')}.$$

Da aber:

$$\alpha' = \frac{r\alpha}{s}, \quad \theta' = \frac{r\theta}{s},$$

so ergiebt sich als Gleichung der kürzesten Linie:

$$(6) \qquad x = \frac{as\sin\frac{r}{s}\alpha}{s\sin\frac{r}{s}\theta + a\sin\frac{r}{s}(\alpha - \theta)}.$$

Mit Hülfe der Gleichungen (3) und (4) findet man leicht den Winkel, unter welchem die kürzeste Linie successive die Kanten des Kegels durchschneidet. Man erhält nämlich:

$$\cot\varphi = \frac{a\cos(\alpha' - \theta') - s\cos\theta'}{a\sin(\alpha' - \theta') + s\sin\theta'}.$$

Für $\theta' = 0$ wird $\varphi = \pi - C'A'G' = \pi - \lambda$, wenn man nämlich C'A'G' mit λ bezeichnet. λ ist also bestimmt durch die Gleichung:

$$(8) \quad \cot\lambda = \frac{s}{a \sin\alpha'} - \cot\alpha'.$$

Man könnte auch φ und folglich λ berechnen aus der Gleichung:

$$(9) \quad \operatorname{tg}(\varphi + \vartheta' - \tfrac{1}{2}\alpha') = -\frac{s+a}{s-a}\operatorname{tg}\tfrac{1}{2}\alpha',$$

welche sich leicht aus (1) und (2) ergiebt.

Es ist nun interessant, die Gestalt der Curve näher kennen zu lernen.

Man denke sich einen Punkt, welcher die kürzeste Linie AE durchläuft und seine Bewegung über E hinaus so fortsetzt, daß seine Bahn stets die kürzeste Entfernung zwischen irgend zwei ihrer Punkte ist. Man denke sich ferner den Kegel fortwährend auf einer Ebene so abgewickelt, daß der bewegte Punkt zu gleicher Zeit sowohl auf dem Kegel als auch auf der Ebene liegt; alsdann wird die Bahn des Punktes auf der Ebene als eine gerade Linie erscheinen, welche die Verlängerung der Strecke A'E' ist. Es darf bei diesen Vorstellungen durchaus nicht übersehen werden, daß der Kegel stets als Doppelkegel aufzufassen ist, dessen Mittelpunkt als Spitze C erscheint. Offenbar sieht man nun (Fig. 58), daß bei wiederholter Abwickelung des Kegels stets eine bestimmte Kante $C'F'_2$ mit der Ebene in Berührung kommen muß, welche A'E' parallel läuft. Die Bahn A'E' des bewegten Punktes schneidet also diese Kante erst im Unendlichen, so daß $C'F'_2$ Asymptote der Curve wird, welche der Punkt auf dem Kegel durchläuft. Bis jetzt lag die Bahn des Punktes offenbar immer auf der ersten Kegelhälfte; bei dieser Lage aber springt der jetzt im Unendlichen liegende Punkt in den conjugirten unendlichen Punkt der zweiten Kegelhälfte über und beschreibt hier bei weiterem Abwickeln des Kegels einen zweiten vom ersten verschiedenen Zweig seiner Bahn, da jetzt offenbar nicht die Kanten der ersten Kegelhälfte, sondern die der zweiten die Linie A'E' schneiden. Bei dieser Abwickelung wird endlich eine Kante $C'F'_1$ dieser zweiten Kegelfläche ebenfalls der Linie A'E' parallel, so daß die Bahn dieses Punktes erst im Unendlichen diese Kante schneidet. Es wird also diese Kante, welche im Allgemeinen von $C'F'_2$ verschieden ist, obgleich sie in der Zeichnung als Verlängerung von $C'F'_2$ erscheinen muß, eine zweite

Asymptote der Punktbahn sein. Von hier aus springt der Punkt in den conjugirten unendlich entfernten Punkt derselben Asymptote auf die erste Kegelhälfte zurück und durchläuft hier in der Abwickelungsebene seine geradlinige Bahn bis zum Ausgangspunkt A'. Auf der Kegelfläche selbst kommt aber der Punkt nach dieser Umdrehung zu seinem Ausgangspunkt A nur dann zurück, wenn 2π ein Vielfaches des Winkels $A'CA_1$ ist. Ist aber diese Bedingung nicht erfüllt, so durchläuft der Punkt auf der Kegelfläche eine Reihe congruenter Curven, welche durch eine Drehung um denselben Winkel mit ihren Nachbarcurven zur Deckung gebracht werden können. Ist nun das Verhältniß von 2π zu dem Winkel $A'C'A_1$ ein rationales, so ist die Zahl dieser Curvenzweige eine endliche, im entgegengesetzten Falle eine unendlich große.

Um nun die Vorstellungen über die Gestalt dieser Curve noch mehr zu fixiren, sei der Kegel so spitz, daß der Kreisausschnitt A'C'F' seinen einmal abgewickelten Mantel darstellt. Die gerade Strecke A'G' würde dann beim Zusammenrollen ein vollständiger Umlauf der kürzesten Linie auf der Kegelfläche werden. Ließen sich nun etwa 6 solcher Kegelmäntel in den Sector $A'C'A_1$ einschreiben, wie dies die Figur andeutet, so würde die kürzeste Linie auf einer Kegelhälfte 6 Umläufe machen, indem sie von A aus sich in Windungen der Spitze C nähert, und dann von ihrer größten Höhe, symmetrisch zu derselben, wieder hinabsinkt. Die Curve schneidet sich also unter diesen Umständen auch selbst, und es ist leicht diese Durchschnittspunkte geometrisch zu construiren. Zu diesem Zwecke fälle man von C' das Loth auf A'T und trage in C' zu beiden Seiten desselben gleiche Vielfache des halben Kegelwinkels an; die Schenkel dieser Winkel sind dann die Kanten, auf welchen die Curve sich selbst schneidet.

Dieselben Resultate lassen sich auch durch eine analytische Behandlung der Gleichungen (5) und (6) herleiten. Beide Gleichungen gelten nämlich nicht bloß für die Strecken AE und A'E', sondern auch für die unendliche gerade und die ganze kürzeste Linie. Man hat nur nöthig, die Winkel θ und θ' nicht auf die gegebenen Grenzen, welche zu den Punkten A und E gehören, zu beschränken, sondern denselben alle Werthe zwischen $-\infty$ und $+\infty$ beizulegen. Dabei ist aber zu bemerken, daß man unter dieser Voraussetzung durch die Gleichung (5) unendlich oft dieselbe Gerade A′E′ erhält. Auch die kürzeste Linie erhält man durch Gleichung (6), wenn $\frac{r}{s}$ rational ist, unendlich oft, da für dieselben Kanten dieselben Werthe von x sich wiederholen, nachdem θ um ein von $\frac{r}{s}$ abhängiges Vielfaches von 2π gewachsen ist. Wenn dagegen $\frac{r}{s}$ irrational ist, nimmt x nur für einzelne ϑ gleiche Werthe an, so daß man nie die einzelnen Curvenzweige wiederholt erhalten kann. Man sieht auch leicht, wie die Curve, wenn man θ über 360° hinaus wachsen läßt, sich in Windungen um den Kegel herumzieht.

Es ist ferner klar, daß x für gewisse θ auch negative Werthe annehmen kann, so daß die Strecken x von C aus in entgegengesetzter Richtung abgetragen werden müssen. Man erhält also einen Curventheil auf der zweiten Kegelhälfte, welcher zwar von dem ersteren getrennt ist, aber dennoch mit ihm Eine Curve bildet, da beide durch ein und dasselbe Entstehungsgesetz verbunden sind.

Die Asymptoten der Curve werden durch die Kanten bestimmt, welche die Curve in der Unendlichkeit schneiden, für welche also x unendlich groß wird. Man muß also diejenigen Kanten $C'F'_1$ und $C'F_2$ bestimmen, welche bei der Abwickelung parallel mit A′E′ werden. Für diesen Fall hat man aber:

W. $A'C'F'_1$ oder $\theta'_1 = -\lambda$

und W. $A'C'F'_2$ oder $\theta'_2 = \pi - \lambda$,

mithin die entsprechenden Werthe für θ auf dem Kegel selbst:

$$\theta_1 = -\frac{s\lambda}{r} \quad \text{und} \quad \theta_2 = \frac{s(\pi-\lambda)}{r},$$

wobei zu bemerken ist, daß wegen der Vieldeutigkeit des Winkels λ die Curve mehrere Asymptoten haben kann, ja sogar unendlich viele, wenn $\frac{s}{r}$ irrational ist.

Aus der Differenz $\theta_2 - \theta_1$ kann man leicht die Anzahl der Windungen finden, in welchen ein Curvenzweig den Kegel umschlingt. Es ist nämlich:

$$\theta_2 - \theta_1 = \frac{s}{2r} 2\pi.$$

Dividirt man nun diese Differenz durch 2π, so erhält man offenbar die Anzahl dieser Umdrehungen; dieselbe ist also $\frac{s}{2r}$.

Man kann sich nun auch die Aufgabe stellen, von einem Punkte der Kegelfläche zu einem anderen auf dem kürzesten Wege so zu gehen, daß man vorher eine gewisse Anzahl von Umläufen macht. Die Lösung dieser Aufgabe ist schon in den früheren Formeln enthalten, wenn man darin nur α nicht auf das Intervall 0 bis $\pm\pi$ beschränkt, sondern dieser Größe beliebig große Werthe ertheilt, im Falle von 4 Umläufen im Sinne der positiven Richtung z. B. sie zwischen 8π und 10π wählt. Da nun aber, wie sich ergeben hat, eine kürzeste Linie nur $\frac{s}{2r}$ mal um den Kegel herum läuft, so wird die Lösung der Aufgabe offenbar illusorisch, wenn die geforderte Anzahl von Umläufen $\frac{s}{2r}$ übersteigt. Gleichwohl hat in diesem Falle, wo die entwickelten Formeln unbrauchbar sind, die Aufgabe eine Lösung. Man hat nämlich nur nöthig von A nach der Spitze des Kegels zu gehen, dort die erforderliche Anzahl von Umläufen zu machen und dann nach dem Punkte E herabzusteigen.

71. Wie gelangt man auf dem kürzesten Wege von einem Punkte auf dem Mantel eines abgestumpften Kegels nach einem andern Punkte, welcher auf einer der begrenzenden Kreisflächen gegeben ist?

Man wird auf diese Aufgabe geführt, wenn man vom Fuße eines kegelförmigen Berges auf dem kürzesten Wege nach einem Orte gehen soll, welcher auf dem plateauförmigen Gipfel desselben liegt.

Es sei (Fig. 59) ADB der gegebene Kegel, der gegebene Punkt E liege auf der Kante $AD = s$, und es sei sein Abstand von der Axe DC des Kegels $= \varrho$, ferner $ED = \sigma$. Auf der Basis des Kegels, welche den Radius r hat, ist nun der zweite Punkt G dadurch bestimmt, daß man hat $CG = a$ und W. $ACG = \alpha$. Es wird nun verlangt, in der Peripherie des Kreises einen Punkt P so anzugeben, daß die Summe der kürzesten Linie EP und der Geraden PG ein Minimum wird. Dieser Punkt P wird dadurch bestimmt, daß man den W. $ACP = \varphi$ ermittelt. Man denke sich jetzt die Kreisbasis vom

Kegel abgelöst, jedoch so, daß sie in P an der Tangente befestigt bleibt, sich also nur um diese drehen läßt, ferner denke man sich den Kegelmantel längs AD aufgeschnitten, abgewickelt, und darauf die Kreisbasis in dieselbe Ebene gedreht (Fig. 60). Dann muß der kürzeste Weg EPG sich in eine einzige Gerade E′P′G′ verwandeln. Der Punkt A_1 war von der Abwickelung mit A in Berührung, folglich ist $A_1P' = AP = A'P'$, mithin, wenn $A'D'P' = \psi$ gesetzt wird,

$$(1) \quad s\psi = r\varphi \quad \text{oder} \quad \psi = \frac{r\varphi}{s}.$$

Bezeichnet man noch die gleichen Winkel E′P′D′ und C′P′G′ mit θ, so erhält man aus den Dreiecken E′P′D′ und C′P′G′:

$$\frac{a}{\sin\theta} = \frac{r}{\sin(\alpha - \varphi + \theta)}$$

und

$$\frac{s}{\sin(\theta + \psi)} = \frac{\sigma}{\sin\theta},$$

oder, da $\frac{s}{\sigma} = \frac{r}{\varrho}$ ist:

$$(2) \quad r\sin\theta = \varrho\sin(\theta + \psi)$$

$$(3) \quad r\sin\theta = a\sin(\alpha - \varphi + \theta)$$

also

$$r = \varrho\cos\psi + \varrho\sin\psi\cot\theta$$

und

$$r = a\cos(\alpha - \varphi) + a\sin(\alpha - \varphi)\cot\theta.$$

Eliminirt man hieraus $\cot\theta$, so ergiebt sich:

$$r[a\sin(\alpha - \varphi) - \varrho\sin\psi] = a\varrho\sin(\alpha - \varphi - \psi),$$

und wenn man hierin für ψ seinen Werth $\frac{r\varphi}{s}$ setzt, so erhält man zur Bestimmung von φ folgende Gleichung:

$$(4) \quad r\left(a\sin(\alpha - \varphi) - \varrho\sin\frac{r\varphi}{s}\right) = a\varrho\sin\left(\alpha - \left(1 + \frac{r}{s}\right)\varphi\right)$$

oder auch:

$$(5) \quad \frac{1}{\varrho}\sin(a - \varphi) - \frac{1}{a}\sin\frac{r\varphi}{s} = \frac{1}{r}\sin\left(\alpha - \left(1 + \frac{r}{s}\right)\varphi\right).$$

Wenn nun r und s commensurabel sind, so kann man sie durch ganze Zahlen ausdrücken. Setzt man alsdann:

$$\varphi = 2sw,$$

so kann man die drei Sinus rational durch $\operatorname{tg} w$ ausdrücken und erhält zur Bestimmung dieser Unbekannten eine Gleichung vom $2(r+s)^{ten}$ Grade.

Wir hatten in der vorhergehenden Rechnung vorausgesetzt, daß $\varrho < r$ ist, daß also der Punkt, nach welchem man sich hinbewegt, auf dem größeren der beiden Grenzkreise des abgestumpften Kegels liegt. Nimmt man aber umgekehrt $r < \varrho$ an, eine Annahme, welche der Aufgabe mit dem kegelförmigen Berge, auf dessen Gipfel der zu erreichende Ort liegt, entspricht, so gelangt man durch dieselbe Rechnung zu einer Gleichung für φ, welche sich aus (5) ergiebt, wenn man in derselben s negativ annimmt. Man erhält also:

$$(5') \quad \frac{1}{\varrho}\sin(\alpha-\varphi)+\frac{1}{a}\sin\frac{r\varphi}{s} = \frac{1}{r}\sin\left(\alpha-\varphi+\frac{r\varphi}{s}\right).$$

Wir wollen nun zunächst diese Gleichung für gegebene Werthe r, ϱ, a, s und α mit Hülfe einer Näherungsmethode auflösen.

Es sei $\alpha = \frac{1}{2}\pi$, $a = \frac{1}{2}r$, $\varrho = 2r$ und $s = 2r$. Man erhält alsdann aus Gleichung (5'), wenn man dieselbe noch mit $2r$ multiplicirt,

$$(5'') \quad \cos\varphi + 4\sin\tfrac{1}{2}\varphi = 2\cos\tfrac{1}{2}\varphi.$$

Drückt man $\cos\varphi$ durch $\cos\frac{1}{2}\varphi$ aus und setzt man $\cos\frac{1}{2}\varphi = x$, so erhält man nach einfachen Umformungen:

$$x^4 - 2x^3 + 4x^2 + x = \tfrac{15}{4}.$$

Es sei nun x_0 ein Werth, der von der wahren Wurzel dieser Gleichung nur um die kleine Größe δ verschieden ist, so daß also diese Wurzel $= x_0 + \delta$ sein würde. Setzt man diesen Werth in die aufzulösende Gleichung ein, so muß sie durch denselben erfüllt sein. Man erhält also:

$$(x_0+\delta)^4 - 2(x_0+\delta)^3 + 4(x_0+\delta)^2 + x_0 + \delta = \tfrac{15}{4}.$$

Entwickelt man nun die einzelnen Glieder nach Potenzen von δ und vernachlässigt die zweiten und höheren Potenzen dieser Größe, so kann man aus der resultirenden Gleichung, da x_0 als bekannt vorausgesetzt wird, einen angenäherten Werth von δ finden.

Es ergiebt sich nämlich:

$$\delta = -\frac{x_0^4 - 2x_0^3 + 4x_0^2 + x_0 - \frac{15}{4}}{4x_0^3 - 6x_0^2 + 8x_0 + 1}.$$

Addirt man diesen Werth δ zu dem bekannten ersten Näherungswerthe x_0, so erhält man einen zweiten genaueren Näherungswerth x_1, mit dem man dieselbe Operation wiederholen kann. Man hat dabei in dem gefundenen Werthe des δ selbst ein Kriterium, auf wieviel Decimalstellen der Näherungswerth genau ist.

Man sieht leicht, daß in unserer Gleichung $x_0 = 1$ ist. Daraus ergiebt sich dann:

$$\delta = -\frac{1}{28},$$

folglich $$x_1 = 1 - \frac{1}{28}.$$

Wir erhalten mithin:

$$\begin{aligned}
x_1^4 &= 1 - \frac{4}{28} + \frac{6}{28^2} - \frac{4}{28^3} \\
-2x_1^3 &= -2 + \frac{6}{28} - \frac{6}{28^2} + \frac{2}{28^3} \\
4x_1^2 &= 4 - \frac{8}{28} + \frac{4}{28^2} \\
x_1 &= 1 - \frac{1}{28} \\
4x_1^3 &= 4 - \frac{12}{28} + \frac{12}{28^2} - \frac{4}{28^3} \\
-6x_1^2 &= -6 + \frac{12}{28} - \frac{6}{28^2} \\
8x_1 &= 8 - \frac{8}{28}
\end{aligned}$$

Also $$\delta = -\frac{\frac{4}{28^2} - \frac{2}{28^3}}{7 - \frac{8}{28} + \frac{6}{28^2}}$$

$$= -0{,}000745.$$

Zieht man diese Größe von x_1 ab, so erhält man wieder einen genaueren Näherungswerth

$$x_2 = 0{,}963541.$$

Wiederholt man mit diesem Werthe die Rechnung noch einmal, so ergiebt sich:

$$\delta = -\frac{0{,}0000088}{6{,}72},$$

folglich:

$$x_3 = 0{,}9635397,$$

und dieser Werth ist die Wurzel der obigen Gleichung genau bis auf 7 Decimalstellen. Es war aber $x = \cos\frac{1}{2}\varphi$, mithin

$$\tfrac{1}{2}\varphi = 15^0\,31'\,10'',09$$

oder $$\varphi = 31^0\;2'\;20'',18.$$

Ein specieller Fall unserer allgemeinen Aufgabe, welcher sich durch seine Einfachheit vor den übrigen auszeichnet, ist der, wo beide Punkte E und G gleichen Abstand von der Axe des Kegels haben, wo also $a = \varrho$ ist. Es ergiebt sich dann sogleich aus (2) und (3):

$$\sin(\theta + \psi) = \sin(\alpha - \varphi + \theta),$$

so daß entweder: $\theta + \psi = \alpha - \varphi + \theta$,

oder: $\theta + \psi = \pi - \alpha + \varphi - \theta$ ist.

Der erste Fall liefert $\varphi + \psi = \alpha$, oder, da $\psi = \frac{r\varphi}{s}$ ist,

$$(6) \qquad \varphi = \frac{s\alpha}{r+s}.$$

Wenn $\alpha = 0$, so wird $\varphi = 0$, und in der That muß in diesem Falle, wo der Punkt G auf dem Radius CA liegt, der kürzeste Weg mit der gebrochenen Linie **EAG** zusammenfallen. Die Gleichung (6) wird daher auch dann noch die wahre Lösung der Aufgabe geben, wenn α hinreichend klein ist. Ueberschreitet jedoch α gewisse Grenzen, so kann man dies nicht mehr mit Sicherheit behaupten, sondern man muß auf die übrigen Wurzeln der Gleichung (4) Rücksicht nehmen, und die verschiedenen Werthe, welche sich daraus für den zu beschreibenden Weg ergeben, mit einander vergleichen, um den wirklich kürzesten Weg herauszufinden. Natürlich ergeben die verschiedenen Lösungen nicht lauter Minima, sondern zwischen je zwei Minimis liegt immer ein Maximum und umgekehrt. Es ist nun noch der zweite Fall zu betrachten:

$$\theta + \psi = \pi - \alpha + \varphi - \theta$$

oder $$\theta = \tfrac{1}{2}\pi - \tfrac{1}{2}\alpha + \frac{s-r}{2r}\psi,$$

mithin $$\theta + \psi = \tfrac{1}{2}\pi - \tfrac{1}{2}\alpha + \frac{s+r}{2r}\psi.$$

Setzt man diese Werthe für θ und $\theta + \psi$ in die Gleichung (2) ein, so wird:

$$(7) \qquad r\cos\left\{\tfrac{1}{2}\alpha - \frac{s-r}{2r}\psi\right\} = \varrho\cos\left\{\tfrac{1}{2}\alpha - \frac{s+r}{2r}\psi\right\}.$$

Ist nun z. B. $s = 2r$, so geht die vorstehende Gleichung über in:

$$(8) \qquad r\cos(\tfrac{1}{2}\alpha - \tfrac{1}{2}\psi) = \varrho\cos(\tfrac{1}{2}\alpha - \tfrac{3}{2}\psi).$$

Es sei $\frac{r}{\varrho} = b$, $\tfrac{1}{2}\alpha - \tfrac{1}{2}\psi = x$, folglich $\tfrac{1}{2}\alpha - \tfrac{3}{2}\psi = 3x - \alpha$, so ist

$$\begin{aligned} b\cos x &= \cos(3x-\alpha) = \cos\alpha\cos 3x + \sin\alpha\sin 3x \\ &= \cos x(4\cos x^3 - 3\cos x) + \sin\alpha(3\sin x - 4\sin x^3), \end{aligned}$$

mithin:

$$\frac{b + 3\cos\alpha}{\cos x^2} = 4\cos\alpha + \sin\alpha\left(\frac{3\operatorname{tg} x}{\cos x^2} - 4\operatorname{tg} x^3\right).$$

Führt man aber $1 + \operatorname{tg} x^2$ für $\frac{1}{\cos x^2}$ ein und ordnet dann die Gleichung nach $\operatorname{tg} x$, so wird:

$$(9) \qquad \sin\alpha\operatorname{tg} x^3 + (b + 3\cos\alpha)\operatorname{tg} x^2 - 3\sin\alpha\operatorname{tg} x + b - \cos\alpha = 0.$$

Den Lösungen dieser kubischen Gleichung ist die durch (6) gegebene beizufügen, welche sich für diesen Fall verwandelt in:

$$(10) \qquad \varphi = \tfrac{2}{3}\alpha \quad \text{oder} \quad \psi = \tfrac{1}{3}\alpha.$$

Fügen wir den bisher gemachten speciellen Annahmen $a = \varrho$, $s = 2r$, noch die hinzu, daß $\alpha = \pi$ sein soll, so wird $x = \tfrac{1}{2}\pi - \tfrac{1}{2}\psi$ und aus (9) folgt, wenn man mit $\cot x^3 = \operatorname{tg}\tfrac{1}{2}\psi^3$ multiplicirt:

$$(b+1)\operatorname{tg}\tfrac{1}{2}\psi^3 + (b-3)\operatorname{tg}\tfrac{1}{2}\psi = 0.$$

In diesem Falle hat man also folgende Auflösungen:

$$1) \qquad \psi = 0,$$

$$2) \quad \operatorname{tg}\tfrac{1}{2}\psi = \pm\sqrt{\frac{3-b}{1+b}} = \pm\sqrt{\frac{3\varrho - r}{\varrho + r}}$$

und endlich:

$$3) \qquad \psi = \pm\tfrac{1}{3}\pi.$$

Die Länge m des Wegs EPG oder E'P'G' ist allgemein ausgedrückt durch:

$$m = \sqrt{r^2 + a^2 - 2ra\cos(\alpha - \varphi)} + \sqrt{s^2 + \sigma^2 - 2s\sigma\cos\psi},$$

also in dem speciellen Falle, wo $a = \varrho$, $s = 2r$ (folglich $\sigma = 2\varrho$), $\alpha = \pi$ ist:

$$m = \sqrt{r^2 + \varrho^2 + 2r\varrho\cos 2\psi} + 2\sqrt{r^2 + \varrho^2 - 2r\varrho\cos\psi}.$$

Setzt man hierin die für ψ gefundenen drei Werthe ein, so findet man leicht:

$$\text{Für} \quad \psi = 0, \qquad m_1 = 3r - \varrho,$$

$$\operatorname{tg} \tfrac{1}{2}\psi = \pm\sqrt{\frac{3\varrho - r}{\varrho + r}}, \quad m_2 = \sqrt{\frac{(r+\varrho)^3}{\varrho}},$$

$$\psi = \pm \tfrac{1}{3}\pi, \qquad m_3 = 3\sqrt{r^2 + \varrho^2 - r\varrho}.$$

Wenn man ϱ, über das man noch verfügen kann, von r bis $\frac{3}{8}r$ variiren läßt, so ist beständig m_1 das wahre Minimum; liegt aber ϱ zwischen 0 und $\frac{3}{8}r$, so ist m_2 das wahre Minimum, wovon man sich leicht überzeugt, wenn man die Differenzen $m_1^2 - m_2^2$, $m_1^2 - m_3^2$, $m_2^2 - m_3^2$ bildet.

72. Die kürzesten Linien auf cylindrischen Flächen. Sind auf einem beliebigen Cylinder zwei Punkte A und E gegeben, und soll die kürzeste Linie auf demselben konstruirt werden, welche sie verbindet, so hat man ebenfalls den Cylinder nur auf eine Ebene abzuwickeln. Die Strecke der kürzesten Linie AE muß dann, wie bei dem Kegel, zu der geradlinigen Strecke A'E' werden, und die über A und E hinaus verlängerte kürzeste Linie geht in die entsprechende unendliche Gerade A'E' über. Da aber bei dieser Abwicklung die Cylinderkanten in ein System paralleler Geraden übergehen, welche die ganze Abwicklungsebene erfüllen, so folgt daraus sofort die für die kürzesten Linien auf cylindrischen Flächen charakteristische Eigenschaft, daß sie mit sämmtlichen Kanten, welche sie durchschneiden, einen und denselben Winkel bilden. Ist also irgend ein Punkt auf einem geraden Cylinder mit beliebiger Basis gegeben und bewegt sich dieser Punkt auf demselben so, daß die Bogen, welche seine Projektion auf die Basis durchlaufen hat, seiner Entfernung von derselben Ebene proportional sind, so beschreibt er eine kürzeste Linie des Cylinders. Dieselbe umschlingt den Cylinder in unendlich vielen kongruenten Windungen, welche sämmtlich zur Deckung gebracht werden können, wenn man sie parallel mit sich selbst verschiebt. Bezeichnet man ferner den constanten Winkel, unter welchem die kürzeste Linie die Cylinderkanten schneidet, mit α, und ist l die Länge der geschlossenen Basis, so ist die konstante Entfernung, um welche die homologen Punkte zweier benachbarten Windungen von einander abstehen,

$$= l \cot \alpha$$

und die Länge der einzelnen Windungen selbst

$$= \frac{l}{\sin\alpha}.$$

Ist der gegebene Cylinder ein gerader mit kreisförmiger Basis, so wird die kürzeste Linie eine sogenannte Schraubenlinie, deren Gestalt sich auch leicht aus den analytischen Resultaten der vorigen Aufgabe herleiten ließe, wenn man die Kegelseite $s = \infty$ setzt.

Ist r der Radius des Grundkreises, und $r\beta$ die Länge des Kreisbogens, welchen die Projektionen C und D (Fig. 64) der Punkte A und E zwischen sich einschließen, so ist die Länge des Bogens AE der kürzesten Linie, welche A und E verbindet,

$$= \frac{r\beta}{\sin\alpha}.$$

Wenn man sich aber von A nach E auf dem kürzesten Wege M so bewegen soll, daß man dabei n Umläufe um den Cylinder herummacht, so ist die Länge dieses ganzen Weges

$$M = \frac{r(2n\pi+\beta)}{\sin\alpha}.$$

Der Winkel α läßt sich noch sehr einfach durch die gegebene Höhe h der beiden Punkte übereinander ausdrücken. Es ist nämlich:

$$\sin\alpha = \frac{r(2n\pi+\beta)}{\sqrt{h^2+r^2(\beta+2n\pi)^2}},$$

so daß schließlich:

$$(1) \quad M = \sqrt{h^2+r^2(2n\pi+\beta)^2}$$

wird.

73. Die kürzesten Linien auf den abwickelbaren Flächen. Geometrische und mechanische Eigenschaften derselben.

Außer dem Kegel und dem Cylinder giebt es noch eine unendliche Menge von Flächen, welche ebenfalls die Eigenschaft besitzen, sich auf eine Ebene abwickeln zu lassen, ohne daß die sie bildenden Flächenelemente irgend eine Zerreißung oder eine andere Veränderung ihrer Gestalt erführen. Dieselben müssen aus ebenen Elementen zusammengesetzt sein, welche successive so gedreht werden können, daß sie sämmtlich in eine Ebene fallen. Zwei benachbarte Ebenenelemente aber schneiden sich stets in einer Geraden. Wenn nun die gegebene

Fläche eine abwickelbare sein soll und man von willkürlichen Begrenzungen absieht, so muß diese Gerade in ihrer ganzen Unendlichkeit in die Fläche hineinfallen, weil im anderen Falle ein Abwickeln derselben ohne Zerreißen unmöglich wäre. Hat man aber unter dieser Voraussetzung ein unendlich schmales, aber unendlich langes ebenes Flächenelement auf die Abwicklungsebene gelegt, so kann man das benachbarte Flächenelement, und mit ihm die ganze Fläche, um seine Schnittlinie mit dem ersteren so drehen, daß es in dieselbe Abwicklungsebene fällt. Da aber die Fläche eine stetig gekrümmte ist, so wird der entsprechende Drehungswinkel unendlich klein.

Mit dem zweiten Flächenelemente nun ist auch seine Schnittlinie mit dem dritten Flächenelemente in die Abwicklungsebene gefallen. Man kann also auch das letztere durch eine abermalige Drehung in dieselbe Ebene bringen; dann ebenso das vierte u. s. w., bis die ganze Fläche auf die Ebene ausgebreitet ist. Offenbar kann man dies Abwickeln auch wie bei dem Kegel in das Unendliche fortsetzen.

Bewegt sich also irgend eine gerade Linie so im Raume, daß sie sich in zwei auf einander folgenden Lagen schneidet, so beschreibt sie bei dieser Bewegung eine abwickelbare Fläche, wie wir sie soeben betrachteten. Die erzeugte Fläche besteht nämlich erstens aus ebenen Elementen, da man durch zwei benachbarte Lagen der Geraden, die ja immer durch einen Punkt gehen, eine Ebene legen kann. Außerdem aber fällt die erzeugende Gerade in ihrer ganzen Ausdehnung in die Fläche hinein.

Ganz ebenso wird eine Ebene, die sich willkürlich im Raume bewegt, eine abwickelbare Fläche umhüllen.

Der Kegel und der Cylinder gehören als specielle Fälle mit zu den soeben charakterisirten Flächen, indem bei ihnen die sämmtlichen Schnittpunkte der benachbarten Kanten in einen und denselben Punkt zusammenfallen, welcher bei dem Kegel im Endlichen, bei dem Cylinder aber im Unendlichen liegt. Im Allgemeinen aber werden diese successiven Schnittpunkte nicht in einen zusammenfallen, sondern in stetiger Aufeinanderfolge im Raume liegend, eine Curve doppelter Krümmung bilden. Man nennt dieselbe die Rückkehrskante der abwickelbaren Flächen.

Sind nun zwei beliebige Punkte A und E auf einer abwickelbaren Fläche gegeben, und verbindet man dieselben durch irgend eine Curve, welche auf der Fläche liegt, so muß dieselbe, wenn sie eine kürzeste sein soll, sich nach der Abwicklung der Fläche in eine grade Linie verwandeln.

Diese Curve hat nun ganz ähnliche Eigenschaften, wie die kürzeste Linie des Kegels. Sie kann ebenso in mehreren Windungen die abwickelbare Fläche umschlingen und aus mehreren unter Umständen unendlich vielen Zweigen bestehen, welche sich sämmtlich asymptotisch in das Unendliche erstrecken, und auch sonst vielfach Analogien mit der kürzesten Linie auf dem Kegel zeigen.

Es seien (Fig. 63) EA'B' und FB'C' zwei ebene Elemente einer abwickelbaren Fläche. Ihre Schnittlinien EA', EB' und FC' schneiden sich in den Punkten E und F der Rückkehrskante DEFG. Ferner seien AB und BC zwei Elemente einer kürzesten Linie auf der Fläche.

Da diese Curve nach der Abwicklung eine gerade werden soll, so muß der W. ABB' = W. CBF sein, eine Eigenschaft, die für die kürzesten Linien charakteristisch ist.

Legt man also durch B eine Ebene senkrecht zu EB, so schneidet diese die Ebene ABC in einer Geraden BN, welche den Winkel ABC halbirt. Es folgt dies sofort daraus, daß der Winkel FBC = FBT ist. Projicirt man nämlich BE auf die Ebene TBT', so halbirt unter dieser Voraussetzung die Projektion BS den Winkel TBT'. Errichtet man aber in B ein Loth zur Ebene SBE, so liegt dasselbe in der Ebene TBT', da dieselbe senkrecht zur Ebene SBE steht. Daher fällt dann auch die Schnittlinie der durch B zu BE gelegten Normalebene und der Ebene TBT' mit dieser Normale BN zusammen. Ist aber W. SBN ein rechter, so ist auch CBN = NBA. Da nun ferner der Winkel TBT' unendlich klein ist, so ist NB nicht nur senkrecht zu EB sondern auch zum Curvenelemente BC. Diese Linie NB ist also Normale der abwickelbaren Fläche, da sie senkrecht zum Flächenelemente TBC steht. Legt man also durch zwei aufeinanderfolgende Curvenelemente AB und BC oder die beiden zugehörigen Tangenten AT und BT einer kürzesten Linie, eine Ebene, welche man die Schwingungsebene nennt, so geht dieselbe auch durch die Normale BN, d. h. sie ist eine Normalebene der abwickelbaren Fläche.

Bewegt sich ferner ein Punkt auf einer abwickelbaren Fläche mit irgend einer Geschwindigkeit, ohne daß andere Impulse auf ihn wirken als die, welche nothwendig sind, um ihn auf der Fläche zu erhalten, so ist seine Bahn eine kürzeste Linie der abwickelbaren Fläche. Bewegt sich nämlich ein Punkt von A nach B mit irgend welcher Geschwindigkeit, so muß er, um auf der Fläche zu bleiben, in B einen Impuls in der Richtung der Normalen BN erhalten, welcher ihn hindert seinen Weg nach T fortzusetzen, sondern ihn zwingt, auf das Flächenelement FB'C' überzugehen. Wir erhalten also die Richtung BC als Durchschnitt desselben Elementes und einer durch BN und BT gelegten Ebene, da der resultirende Impuls in der Ebene seiner Componenten bleiben muß. Daraus folgt nun aber ebenso leicht wie oben:

$$W.\,FBT' = W.\,FBT.$$

Da dieselbe Betrachtung aber für alle Flächenelemente gilt, so folgt daraus, daß sich der betrachtete Punkt in der That auf einer kürzesten Linie der abwickelbaren Fläche bewegen muß.

74. Einige Eigenschaften der kürzesten Linien beliebiger Flächen.

Ebenso, wie es auf den abwickelbaren Flächen kürzeste Linien giebt, giebt es deren auch auf allen anderen Flächen.

Dieselben haben sämmtlich die charakteristische Eigenschaft, daß eine Ebene, welche durch zwei auf einander folgende Tangenten gelegt ist, d. h. die Schwingungsebene der Curve, die Normale der Fläche enthält oder eine Normalebene der Fläche ist. Dies Resultat folgt leicht, wenn man in zwei Nachbarpunkten der Curve die beiden Tangentialebenen EAB und FBC an die Fläche legt. Es ist nun oben gezeigt, daß das entsprechende Curvenelement gleiche Winkel mit der Schnittlinie der beiden Ebenen bildet, daß also ebenso BN oder, was dasselbe ist, daß die Normale der Fläche in der betrachteten Ebene liegt.

Daraus folgt sogleich, daß der größte Kreis die kürzeste Linie auf der Kugel ist, und daß bei sämmtlichen Rotationskörpern die Meridiane ebenso kürzeste Linien sind.

Spannt man ferner einen Faden auf eine beliebige Weise über irgend eine Fläche, so bildet derselbe, wenn er sich im Zustande des

Gleichgewichtes befindet, eine kürzeste Linie dieser Fläche, wie aus dem Obigen ohne Schwierigkeit folgt. Ebenso bewegen sich Punkte, die sich nur unter dem Einflusse von Kräften befinden, welche nothwendig sind, um sie auf einer gegebenen Fläche zu erhalten, in den kürzesten Linien dieser Fläche.

75. Es ist ein gerader kreisförmiger Cylinder vom Radius r gegeben, der an einem Ende durch eine Halbkugel von demselben Radius r begrenzt ist (Fig. 64). Man hat ferner auf dem Cylinder einen Punkt A und auf der Halbkugel einen Punkt B. Wie gelangt man auf dem kürzesten Wege von A nach B.

Es sei gegeben $AK = a$, und der Bogen des größten Kreises $SB = b$. Ferner sei der bekannte Winkel $KSB = \alpha$.

Es ist nun nach Nr. 72 und Nr. 74 klar, daß ein Punkt, der sich auf dem kürzesten Wege von A nach B bewegen soll, auf dem Cylinder den Bogen einer Schraubenlinie und auf der Kugel einen größten Kreis beschreiben muß. Man hat also nur den Punkt P, in welchem der bewegte Punkt von der einen Fläche auf die andere übergeht, zu finden, da durch ihn der Bogen AP der Schraubenlinie und der Bogen des größten Kreises PB, und also der Gesammtweg des bewegten Punktes völlig bestimmt ist. Man setze also den Winkel KSP als unbekannte Größe $= \varphi$.

Alsdann ist nach Formel (1) Nr. 72, wenn man $n = 0$ setzt, die Länge des Curvenbogens AP:

$$(1) \quad AP = \sqrt{a^2 + r^2\varphi^2}.$$

Ferner folgt aus dem sphärischen Dreiecke SPB, wenn man den Bogen $PB = r\psi$ setzt:

$$(2) \quad \cos\psi = \sin b \cos(\alpha - \varphi).$$

Es soll nun

$$M = AP + PB$$
$$= \sqrt{a^2 + r^2\varphi^2} + r\psi$$

ein Minimum werden. Man setze also:

$$\sqrt{a^2 + r^2\varphi^2} - \sqrt{a^2 + r^2\varphi_1^2} = r(\psi_1 - \psi),$$

oder, wenn man die rechte Seite mit der Summe der beiden Glieder erweitert:

$$\frac{r(\varphi+\varphi_1)}{\sqrt{a^2+r^2\varphi^2}+\sqrt{a^2+r^2\varphi_1^2}} = \frac{\psi_1-\psi}{\varphi-\varphi_1}.$$

Nun hat man aber aus (2) die Bedingungsgleichung:

$$\cos\psi-\cos\psi_1 = \sin b(\cos(\alpha-\varphi)-\cos(\alpha-\varphi_1))$$

oder:

$$\sin\tfrac{1}{2}(\psi+\psi_1)\tfrac{1}{2}(\psi_1-\psi) = \sin b\sin(\alpha-\tfrac{1}{2}(\varphi+\varphi_1))\tfrac{1}{2}(\varphi-\varphi_1),$$

wenn man die Differenzen $\varphi-\varphi_1$ also auch $\psi-\psi_1$ so klein annimmt, daß man die Sinus mit ihren Bogen vertauschen kann. Eliminirt man aber aus den beiden soeben gefundenen Gleichungen $\varphi-\varphi_1$ und $\psi-\psi_1$ und setzt $\varphi=\varphi_1$, also auch $\psi=\psi_1$, so ergiebt sich:

$$\frac{r\varphi}{\sqrt{a^2+r^2\varphi^2}} = \sin b\frac{\sin(\alpha-\varphi)}{\sin\psi} \quad \text{oder}$$

$$\sin\psi = \sin b\sin(\alpha-\varphi)\frac{\sqrt{a^2+r^2\varphi^2}}{r\varphi}.$$

Also, wenn man ψ mit Hülfe von (2) eliminirt:

$$\frac{1}{\sin b^2} = \cos(\alpha-\varphi)^2+\sin(\alpha-\varphi)^2\frac{a^2+r^2\varphi^2}{r^2\varphi},$$

mithin, wenn man rechts einzeln mit $r^2\varphi^2$ dividirt:

$$\frac{\cot b^2}{a^2} = \frac{\sin^2(\alpha-\varphi)}{r^2\varphi^2},$$

oder, wenn man die Wurzeln auszieht und nur das positive Zeichen derselben berücksichtigt:

$$(3) \quad \frac{\sin(\alpha-\varphi)}{\varphi} = \frac{r\cot b}{a},$$

eine transscendente Gleichung, die durch eine Näherungsmethode aufzulösen ist.

Die gefundene Gleichung (3) gestattet auch eine sehr einfache geometrische Deutung.

Man erhält nämlich aus dem sphärischen Dreiecke SPB:

$$\cot SPB = \frac{\cot b}{\sin(\alpha-\varphi)}.$$

Ferner ist

$$\operatorname{tg} APK = \frac{a}{r\varphi}.$$

Mithin nach (3)

$$\text{W. } APK = \text{W. } BPL,$$

d. h. für den kürzesten Weg von A nach B müssen die in P an die Schraubenlinie PA und den größten Kreis PB gelegten Tangenten in eine einzige Gerade zusammenfallen. Man hätte übrigens durch andere Betrachtungen auch ohne die Gleichung (3) und die vorhergehende Rechnung zu demselben Resultate gelangen können.

Wir wollen die Gleichung (3) für folgende numerische Werthe auflösen. Es sei: $a = 33$, $r = 15$, $b = 32^0$ und $\alpha = 88^0\,30'$.

Die Gleichung (3) nimmt dann folgende Gestalt an:

$$(4) \qquad \sin(88^0\,30' - \varphi) = \frac{0{,}7274250\,\pi}{180} \cdot \varphi$$

oder

$$\log\sin(88^0\,30' - \varphi) - \log\varphi = 8{,}1036656,$$

wo man jetzt unter φ den unbekannten Winkel in Graden ausgedrückt versteht. Setzt man $\varphi_0 + \delta$ für φ ein und vernachlässigt unter der Voraussetzung, daß δ eine kleine Größe ist, die zweiten und höheren Potenzen von δ, so daß man $\cos\delta = 1$ und $\sin\delta = \delta$ setzen kann, so erhält man aus (4) eine Gleichung, die uns die Correction δ liefert, nämlich:

$$(5) \qquad \delta = \frac{\sin(\alpha - \varphi) - \frac{r}{a}\cot b \,.\, \varphi}{\cos(\alpha - \varphi) + \frac{r}{a}\cot b}.$$

Man findet nun durch bloßes Nachschlagen der Tafeln, ohne alle Rechnung, daß $\varphi_0 = 49^0\,32'$ bis auf die Minuten die gesuchte Wurzel der Gleichung ist. Setzt man diesen Werth von φ_0 in (5) ein, so ergiebt sich als einzig nöthige Correction:

$$\delta = -0{,}0000033,$$

eine Größe, die einem Winkel $= -0'',7$ entspricht. Somit ist schließlich:

$$\varphi = 49^0\,31'\,59'',3.$$

Isoperimetrische Aufgaben.

Im 24sten Bande des Crelleschen Journals hat Steiner eine Reihe von isoperimetrischen Aufgaben durch einfache geometrische Betrachtungen gelöst, und wir wollen im Folgenden wenigstens eine

Vorstellung der von ihm angewandten Methode geben, und einige der einfachsten und wichtigsten Resultate, zu denen er gelangt, mittheilen. Zugleich verweisen wir den Leser, welcher eine weitere Belehrung sucht, auf die erwähnte interessante Abhandlung selbst.

76. Von allen Dreiecken, welche über derselben Grundlinie liegen und denselben Umfang haben, hat das gleichschenklige den größten Inhalt.

Es sei (Fig. 65) ACB ein gleichschenkliges, ADB ein schiefwinkliges Dreieck über derselben Grundlinie AB; beide Dreiecke sollen ferner denselben Umfang haben. Man kann nun leicht beweisen, daß $\triangle$ ADB kleiner ist als $\triangle$ ACB. Dazu hat man nämlich nur nöthig, zu zeigen, daß AEC > BED ist. Macht man aber EF = EB, EG = ED, so hat man nur zu zeigen, daß die Seite GF des $\triangle$ GEF, welches dem $\triangle$ EBD congruent ist, ganz innerhalb des Dreiecks AEC liegt. Es muß also stets der Punkt F zwischen A und E, der Punkt G zwischen E und C fallen. Bezeichnet man aber den W. CAB mit α, den W. CBA mit β und W. DAB mit γ, so ist $\alpha = \beta$ und daher $\beta > \gamma$. Man hat mithin AE > EB. Wenn man also EF = EB abschneidet, so fällt F stets zwischen A und E. Es ist nun noch zu zeigen, daß G ebenfalls zwischen E und C liegt. Läge nämlich G nicht zwischen E und C, sondern auf C selbst, so müßten, da dann ED = EC wäre, die Dreiecke CFE und DBE congruent sein, woraus FC = BD folgen würde. Zugleich hätte man dann DF = BC, mithin, da AC + BC = AD + DB ist, auch BD + AF = FC + AF = AC. Dies ist aber unmöglich, da die Summe zweier Dreiecksseiten nicht gleich der dritten sein kann. Ebenso kann man beweisen, daß der Punkt G nicht über C hinaus fällt. Denn fiele er z. B. auf H, so müßte aus denselben Gründen AF + FH + HC = AC sein, was auch unmöglich ist. Der Punkt G liegt also zwischen E und C. Das Dreieck AEC ist folglich größer als EDB, mithin auch ACB > ADB.

Aus dem eben bewiesenen Satze läßt sich umgekehrt beweisen, daß von allen Dreiecken, welche über derselben Grundlinie liegen und denselben Flächeninhalt haben, das gleichschenklige den kleinsten Umfang hat. Ferner folgt hieraus, daß von allen Dreiecken überhaupt, welche denselben Umfang haben, das gleichseitige den größten

Inhalt hat, und umgekehrt. Es müssen nämlich immer je zwei Seiten einander gleich sein.

Auch für Vielecke folgt hieraus der Satz, daß bei gegebenem Umfange dasjenige, dessen Seiten einander gleich sind, den größten Flächeninhalt hat. Denn wäre dies nicht der Fall, so ziehe man eine Diagonale, welche vom Vieleck ein Dreieck abschneidet. Man würde nun dadurch, daß man dieses Dreieck in ein gleichschenkliges von demselben Umfange verwandelt, den Inhalt desselben, also auch den des Vielecks vergrößern. Da dies nun für alle Dreiecke gilt welche man durch Diagonalen vom Vielecke abschneiden kann, so müssen also die Seiten des Vielecks, wenn der Inhalt desselben ein Maximum sein soll und daher nicht mehr vergrößert werden kann, einander gleich sein.

77. Von allen Dreiecken, welche zwei gegebene Seiten haben, ist dasjenige das größte, in welchem diese beiden Seiten auf einander senkrecht stehen.

Man nehme die eine gegebene Seite als Grundlinie des Dreiecks an. Offenbar wird nun der Inhalt des Dreiecks um so größer, je größer die Höhe auf dieser Grundlinie wird. Diese wird aber am größten, wenn sie eben so groß wie die andere gegebene Seite des Dreiecks ist, d. h. wenn diese Seite senkrecht auf der ersten steht.

Aus diesem Satze schließt man mit Hülfe von 76, daß von allen Dreiecken, in welchen die Summe zweier Seiten constant ist, dasjenige den größten Flächeninhalt hat, in welchem diese beiden Seiten senkrecht auf einander stehen und einander gleich sind.

78. Von allen Vielecken, deren Seiten sämmtlich bis auf eine, die noch willkürlich bleibt, gegeben sind, ist dasjenige das größte, dessen Winkelscheitel alle in einem Halbkreise liegen, von welchem die willkürliche Seite der Durchmesser ist.

Es sei (Fig. 66) ABCDEF das größte von allen Vielecken, welche von den gegebenen Seiten AB, BC, CD, DE, EF und der willkürlichen Seite AF gebildet werden. Man ziehe die Diagonalen AD und DF. Wäre nun der Winkel ADF kein Rechter, so könnte man, während ABCD und DEF ganz ungeändert bleiben, doch nach 77 das Dreieck ADF und folglich auch das ganze Vieleck vergrößern, indem man W. ADF zu einem Rechten macht. Da aber das Vieleck ein Maximum sein soll, also nicht mehr vergrößert werden kann, so muß der Winkel ADF ein Rechter sein. Ebenso verhält es sich mit den Winkeln ABF, ACF etc. Die Scheitel aller jener Winkel liegen also auf einem Halbkreise, dessen Durchmesser AF ist.

Mit Hülfe dieses Satzes kann man auch leicht zeigen, daß von allen Vielecken, deren Seiten gegeben sind, dasjenige am größten ist, dessen Ecken auf einem Kreisumfange liegen, und ferner ergiebt sich, wenn man hierzu noch die Folgerungen aus 76. hinzunimmt, daß von allen Vielecken, welche gleichen Umfang und dieselbe Anzahl von Seiten haben, das reguläre den größten Inhalt hat, und umgekehrt, daß von allen Vielecken, welche denselben Inhalt haben, das reguläre den kleinsten Umfang hat.

79. Dieselben Sätze lassen sich auch in ähnlicher Weise auf die Kugel übertragen.

Von allen sphärischen Dreiecken über derselben Basis, welche denselben Umfang haben, ist das gleichschenklige das größte.

Der Beweis dieses Satzes ist ebenso wie in 76., nur daß, wenn man Fig. 65 ACB und ADB als Kugeldreiecke betrachtet, die entstehenden Dreiecke DEB und CEF nicht mehr congruent, sondern nur symmetrisch gleich sind. Da es aber nur darauf ankommt, daß der Flächeninhalt dieser beiden Dreiecke derselbe bleibe, so macht dieser Umstand beim Beweise nichts aus. Wie bei den ebenen Dreiecken folgt nun auch für sphärische, daß das gleichseitige Dreieck bei gegebenem Umfang den größten Inhalt, und umgekehrt bei gegebenem Inhalt den kleinsten Umfang hat.

Um nun aber auch die in 77. behandelte Aufgabe für die Kugel lösen zu können, schicken wir folgenden Satz, welcher auch der Lexell'sche genannt wird, voraus.

80. Die Spitzen aller sphärischen Dreiecke, welche über derselben Basis construirt sind und denselben Flächeninhalt haben, liegen auf einem Kreise der Kugel, welcher durch die den Endpunkten der Grundlinie diametral entgegengesetzten Punkte der Kugel geht.

Es sei ABC (Fig. 67) ein sphärisches Dreieck über der festen Basis AC, sein Inhalt sei gegeben, ferner seien A' und C' die diametral gegenüberliegenden Punkte von A und C, O der Mittelpunkt des kleinen Kreises, welcher durch die Spitze B und durch A' und C' geht. Es wird nun behauptet, daß bei einer Veränderung des Dreiecks ABC die Spitze B stets auf diesem Kreise liegen bleibt, wenn die Basis AC und der Inhalt des Dreiecks ABC sich nicht ändert. Man braucht dazu nur umgekehrt zu beweisen, daß, wenn man die Spitze B auf diesem Kreise hinbewegt, der Inhalt von ABC derselbe bleibt.

Nennt man nun die Winkel des Dreiecks ABC entsprechend α, β und γ, so ist in dem Dreiecke A'BC' der Winkel bei $C' = \pi - \gamma$ und der bei $A' = \pi - \alpha$.

Verbindet man nun ferner den Pol O des kleinen Kreises durch Bogen von größten Kreisen mit A', C' und B, und bezeichnet man dann den W. OC'A' = OA'C' mit x, so folgt leicht aus den drei gleichschenkligen Dreiecken OC'A', OBA' und OBC':

$$2x = \pi - \gamma + \pi - \alpha - \beta = 2\pi - (\alpha + \beta + \gamma).$$

Bewegt man nun den Punkt B auf dem kleinen Kreise C'BA', so bleibt der Winkel x ganz ungeändert; es behält also auch $2\pi - (\alpha + \beta + \gamma)$ bei dieser Bewegung denselben Werth. Nun drückt aber $\alpha + \beta + \gamma - \pi$ den Inhalt des Dreieck ABC aus, folglich muß, wenn man denselben mit Δ bezeichnet, $\pi - \Delta$, also auch Δ selbst bei der Bewegung des Punkts B auf dem kleinen Kreise C'BA' ungeändert bleiben.

Es ist nun ferner hieraus klar, daß jedes andere Dreieck über der Basis AC, dessen Spitze nicht auf dem kleinen Kreise A'C'B liegt, einen größeren oder kleineren Inhalt als ABC haben muß, je nachdem seine Spitze innerhalb oder außerhalb des kleinen Kreises liegt.

81. Von allen sphärischen Dreiecken, welche zwei gegebene Seiten haben, ist dasjenige das größte, in welchem der Winkel, den diese beiden Seiten mit einander bilden, gleich ist der Summe der Winkel an der Basis, oder in welchem die Basis ein Durchmesser des umschriebenen Kreises ist.

Man nehme die eine der gegebenen Seiten (Fig. 68) AC als feste Basis an, und schlage um A einen kleinen Kreis EBD auf der Kugel, dessen sphärischer Radius die andere gegebene Seite AB ist. In diesem Kreise liegen dann die Spitzen aller der Dreiecke, welche man überhaupt aus den beiden gegebenen Seiten construiren kann. Es ist nun unsere Aufgabe, aus allen diesen das größte herauszufinden. Es seien nun wieder A'C' die beiden diametral entgegengesetzten Punkte von A und C; man denke sich durch diese beiden Punkte kleine Kreise auf der Kugel gezogen. Nach dem Vorigen liegen auf diesem Kreise die Spitzen der Dreiecke, welche über der Basis AC liegen und constanten Inhalt haben. Im Allgemeinen werden diese Kreise den Kreis EBD in zwei Punkten schneiden; so daß also immer zwei Dreiecke construirt werden können, die zwei gegebenen Seiten und denselben Inhalt haben. Will man nun aber das Dreieck ABC finden, welches den größtmöglichen Inhalt hat, so muß man den Kreis, welcher durch A' und C' geht, so wählen, daß er den Kreis EBD in B berührt. Berühren sich aber zwei Kreise auf der Kugel, so liegen die Pole derselben und der Berührungspunkt in einem größten Kreise. Ist also F der Pol des kleinen Kreises, welcher durch AC' geht und EBD in B berührt, so liegen ABFA' auf einem größten Kreise.

Es ist nun W. $A'C'B = \pi - \gamma$, W. $C'A'B = \pi - \alpha$, und da $FC' = FA' = FB$ ist, so folgt aus den gleichschenkligen Dreiecken FC'B und A'C'F:

$$\pi - \gamma = \pi - \alpha + \beta$$

oder

$$\alpha = \beta + \gamma.$$

Es ist also hierdurch bewiesen, daß in dem größten Dreieck ABC der Winkel α, welchen die beiden gegebenen Seiten mit einander bilden, gleich ist der Summe der beiden anderen Winkel des Dreiecks.

Um nun endlich noch zu zeigen, daß BC der Durchmesser des um das größte Dreieck ABC beschriebenen Kreises ist, theile man den Winkel α durch einen größten Kreis AG so, daß $BAG = \beta$, also $GAC = \gamma$ wird. Dann ist $GB = GA = GC$, folglich G der Pol des um ABC beschriebenen Kreises, woraus die Behauptung folgt.

Aus den vorhergehenden Sätzen folgt nun leicht, daß von allen sphärischen Dreiecken, in welchen die Summe zweier Seiten constant bleibt, dasjenige am größten ist, in welchem diese beiden Seiten einander gleich werden und einen Winkel bilden, der gleich der Summe der beiden andern ist.

82. Von allen ebenen oder sphärischen Figuren, welche denselben Umfang haben, hat der Kreis den größten Inhalt, und umgekehrt von allen gleichgroßen Figuren hat der Kreis den kleinsten Umfang.

Zunächst ist klar, daß bei gegebenem Umfang der Inhalt nicht über alle Grenzen hinaus wachsen kann; es muß also für eine bestimmte Figur oder auch für mehrere von verschiedenen Gestalten dieser Inhalt einen größten Werth erhalten. Es kommt nur darauf an, die Gestalt dieser Curven aufzufinden.

Es ist sofort einleuchtend, daß die Gestalt derselben eine convexe ist; denn wäre dies nicht der Fall, sondern wäre sie concav, so verwandele man den concaven Theil in einen convexen. Dabei ändert sich der Umfang nicht, aber der Inhalt wird vergrösert, es kann also jene concave Figur nicht das Maximum sein.

Es sei nun (Fig. 69) ACBD eine der Figuren, welche einem Maximum entspricht, und A irgend ein Punkt in dem Umfang desselben. Man kann aber stets zu jedem Punkt A einen zweiten Punkt B auf dem Umfange angeben, so daß der ganze Umfang durch diese beiden Punkte in zwei gleiche Theile getheilt wird. Zieht man AB, so wird auch der Flächeninhalt der Figur durch diese Gerade in zwei gleiche Theile getheilt. Denn wäre dies nicht der Fall, und z. B. AECFB > AHDGB, so könnte man das letztere ohne die Länge seines Umfangs zu ändern in eine solche Form bringen, daß es gleich AECFB wird, denn beide Theile haben ja gleichen Umfang. Man würde also den Inhalt der ganzen Figur dadurch vergrößern, was doch nicht mehr möglich sein sollte, da dieselbe dem Maximum des Inhalts entsprach. Es müssen also beide Theile, in die AB die ganze Figur theilt, einander gleich sein.

Man transformire nun den einen Theil AECFB so, daß er vollständig symmetrisch zu AHDGB in Bezug auf die Axe AB liegt. Die entstehende Figur wird auch einem Maximum des Inhalts entsprechen, da der Inhalt sich ja nicht geändert hat. Fällt man nun von irgend einem Punkte D ein Perpendikel auf AB und verlängert dies über I hinaus, bis es die zweite Hälfte der Figur in C trifft, so ist wegen der Symmetrie beider Hälften CI = DI und die Dreiecke ABC und ABD sind symmetrisch und gleich. Wenn nun die homologen Winkel bei C und D keine Rechte wären, so könnte man, während die Längen der Seiten AC, CB, BD und DA, also auch die Segmente AEC, CFD, BGD und DHA ungeändert bleiben, doch die Größe des Vierecks, also auch die Größe der ganzen Figur vergrößern, indem man einzig und allein AB so ändert, daß die Winkel bei C und D Rechte werden. Der Umfang der ganzen Figur ist bei dieser Transformation derselbe geblieben. Da nun aber der Inhalt der ganzen Figur AECFBDA ein Maximum sein soll, ihr Inhalt also nicht mehr vergrößert werden kann, so müssen die Winkel bei C und D Rechte sein. Die Punkte D und C können aber beliebig auf dem Umfange angenommen werden, es müssen also die eben entwickelten Bedingungen für alle Punkte des Umfangs gelten, d. h. es muß die fragliche Figur ein Kreis sein. Freilich ist hiermit eigentlich nur erst bewiesen, daß die eine Hälfte AHGB ein Kreis sein muß. Die andere Hälfte AEFB hatte zwar denselben Flächeninhalt, wie AHGB, aber ihre Gestalt war noch als verschieden von der andern Hälfte angenommen worden; man hatte sie dann ohne den Inhalt zu verändern erst in eine zu AHGB symmetrische Lage transformirt. Da man nun aber auch, wenn man von dieser Hälfte AEFB ausgeht, und die andere Hälfte AHGB in eine zu ihr symmetrische Lage bringt, darauf geführt wird, daß AHGB ein Kreis ist, so folgt, daß es nicht mehrere Figuren von verschiedener Gestalt giebt, welche bei gegebenem Umfang den größten Inhalt haben, sondern nur eine, nämlich den Kreis.

Der umgekehrte Satz, daß der Kreis bei gegebenem Inhalt den kleinsten Umfang hat, beweist man hieraus leicht durch einen indirecten Beweis.

Eine große Fülle von Folgerungen ergeben sich leicht aus diesem Satze, von denen wir nur einige wenige hier anführen wollen.

Von allen Figuren, welche von einer Geraden und einer anderen Linie L von gegebener Länge begrenzt werden, hat der Halbkreis den größten Inhalt; und umgekehrt, wenn der Inhalt gegeben ist, so ist der Umfang des Halbkreises das kleinste L.

Es folgt dieser Satz leicht, wenn man sich den Halbkreis zu einem ganzen Kreise vervollständigt denkt.

Ist dagegen die Gerade auch von gegebener Länge a, so hat das Segment, welches durch einen Kreisbogen von der Länge L begrenzt wird, den größten Inhalt. Man sieht dies leicht, wenn man das Segment zu einem Kreise ergänzt.

Wie nun für ebene Figuren gezeigt ist, daß der Kreis bei gegebenem Umfang den größten Inhalt hat, so kann man auch beweisen, daß von allen Körpern die Kugel bei einer gegebenen Oberfläche den größten Inhalt, und bei gegebenem Inhalt die kleinste Oberfläche hat. Man geht dabei von folgenden Betrachtungen aus.

83. a. Eine dreiseitige Pyramide ABCD (Fig. 70) wird in zwei gleiche Theile getheilt durch eine Ebene, welche durch eine der Kanten CD und durch die Mitte M der gegenüberliegenden Kante AB geht. Dabei ist die Schnittfigur CDM kleiner als die halbe Summe der beiden Seitenebenen ACD und BCD, welche nicht geschnitten werden.

b. Eine vierseitige Pyramide ABFED, deren Basis ein Trapez ABFE ist, wird in zwei gleiche Theile getheilt durch eine Ebene, welche durch die Spitze D und durch die Mitten M und N der parallelen Seiten AB und EF geht. Auch hier ist die Schnittfigur kleiner als dieselbe Summe der Seitenebenen AED und BFD, welche nicht geschnitten werden.

c. Ein schief abgestumpftes Prisma AEGBFH wird in zwei gleiche Theile getheilt durch eine Ebene, welche durch die Mitten M, N und O der Kanten AB, EF und GH geführt wird. Die Schnittfigur MNO ist im allgemeinen kleiner als die halbe Summe der beiden Grundflächen AEG und BFH. Sind diese Grundflächen parallel, so wird die der Schnittfigur gleich der halben Summe der beiden Grundflächen.

Beweis. Man projicire ACD und BCD auf die Ebene MCD. Sind nun A′ und B′ die Projectionen von A und B, so liegen die Punkte A′, M und B′ in einer geraden Linie, und es ist $MA' = MB'$. Hieraus folgt $\triangle MCD = \frac{1}{2}(A'CD + B'CD)$. Da aber $ACD > A'CD$ und ebenso $BCD > B'CD$, so folgt $\triangle MCD > \frac{1}{2}(ACD + BCD)$.

Für die anderen Fälle ist der Beweis ganz ähnlich.

84. Wenn es für einen Körper, welcher durch eine krumme Oberfläche begrenzt ist, eine Richtung giebt, in welcher alle Geraden die Oberfläche in nur zwei Punkten schneiden, so liegen die Mitten dieser Geraden auf einer Fläche, welche den Körper in zwei gleiche

Theile theilt und diese Fläche ist kleiner, als die Hälfte der ganzen Oberfläche des gegebenen Körpers.

Zieht man nämlich diese Geraden unendlich nahe bei einander, so kann man das Stück des Körpers, welches zwischen drei unendlich nahen Geraden liegt, als ein Prisma ansehen und auf dieses dann die vorigen Sätze anwenden, woraus unmittelbar die Behauptung folgt.

85. Unter allen Körpern mit gegebener Oberfläche hat die Kugel den größten Inhalt, und umgekehrt hat sie bei gegebenem Inhalt die kleinste Oberfläche.

Man stelle sich irgend einen Körper mit der gegebenen Oberfläche vor, welcher die Eigenschaft hat, den größten Inhalt zu haben. Es ist klar, daß es nach allen Richtungen eine Ebene geben muß, welche die Oberfläche in zwei gleiche Theile theilt.

Es sei A eine solche Ebene, α und β die Hälften der Oberfläche, und es möge der Körper, welcher durch A und α begrenzt wird, mit $A\alpha$ bezeichnet werden. Es müssen nun die beiden Theile des Körpers $A\alpha$ und $A\beta$, in welche die Ebene A den Körper theilt, auch einander gleich sein. Denn wäre z. B. $A\alpha > A\beta$, so könnte man $A\beta$, ohne die Größe der Oberfläche β zu ändern, symmetrisch gleich $A\alpha$ machen, und dadurch würde der Körper vergrößert werden, was doch nicht mehr möglich sein soll, da er als der größte angenommen ist. Es muß also $A\alpha = B\beta$ sein. Wenn nun β nicht symmetrisch zu α läge, so könnte man auf der Seite von A, wo β liegt, sich eine zweite Fläche α_1 denken, die symmetrisch gleich α ist. Alsdann wäre $A\alpha = A\alpha_1 = A\beta$ und also auch

$$\alpha\alpha_1 = \alpha\beta.$$

Zieht man nun in den Räumen, welche von α_1 und β eingeschlossen werden, parallele Geraden, so liegen die Mitten dieser Geraden auf einer Fläche γ, welche dieselbe Basis A hat, und man hat nun:

$$A\gamma = A\beta = A\alpha_1,$$

folglich auch:

$$\gamma\alpha = \beta\alpha.$$

Nun ist aber zugleich $2\gamma < \alpha_1 + \beta$ und da $\beta = \alpha_1$ ist, $\gamma < \beta$.

Es würde also die Oberfläche γ, welche kleiner ist als β, mit α einen Raum begrenzen, welcher eben so groß ist als der von α und

β begrenzte. Dies wäre aber gegen die Voraussetzung, da der angenommene Körper ein Maximum sein soll. Es muß folglich β symmetrisch gleich α sein, und der Körper wird daher durch jede Ebene, welche die Oberfläche und das Volumen in zwei gleiche Theile theilt, in zwei symmetrisch gleiche Theile getheilt.

Sind nun A und B irgend zwei Ebenen, welche die Oberfläche des Körpers in zwei gleiche Theile theilen, und welche einen Winkel φ mit einander bilden, der incommensurabel zu π ist, so giebt es noch unzählig viele andere Ebenen, welche durch die Schnittlinie a der beiden Ebenen A und β gehen und die Oberfläche des Körpers halbiren. Es muß daher jeder ebene Schnitt, welcher senkrecht zu a geführt wird und den Körper noch trifft, ein Kreis sein; da nun aber die Richtung von a eine ganz beliebige sein kann, so wird der Körper durch jede beliebige Ebene, welche ihn trifft, in einem Kreise geschnitten. Der Körper ist also eine Kugel.

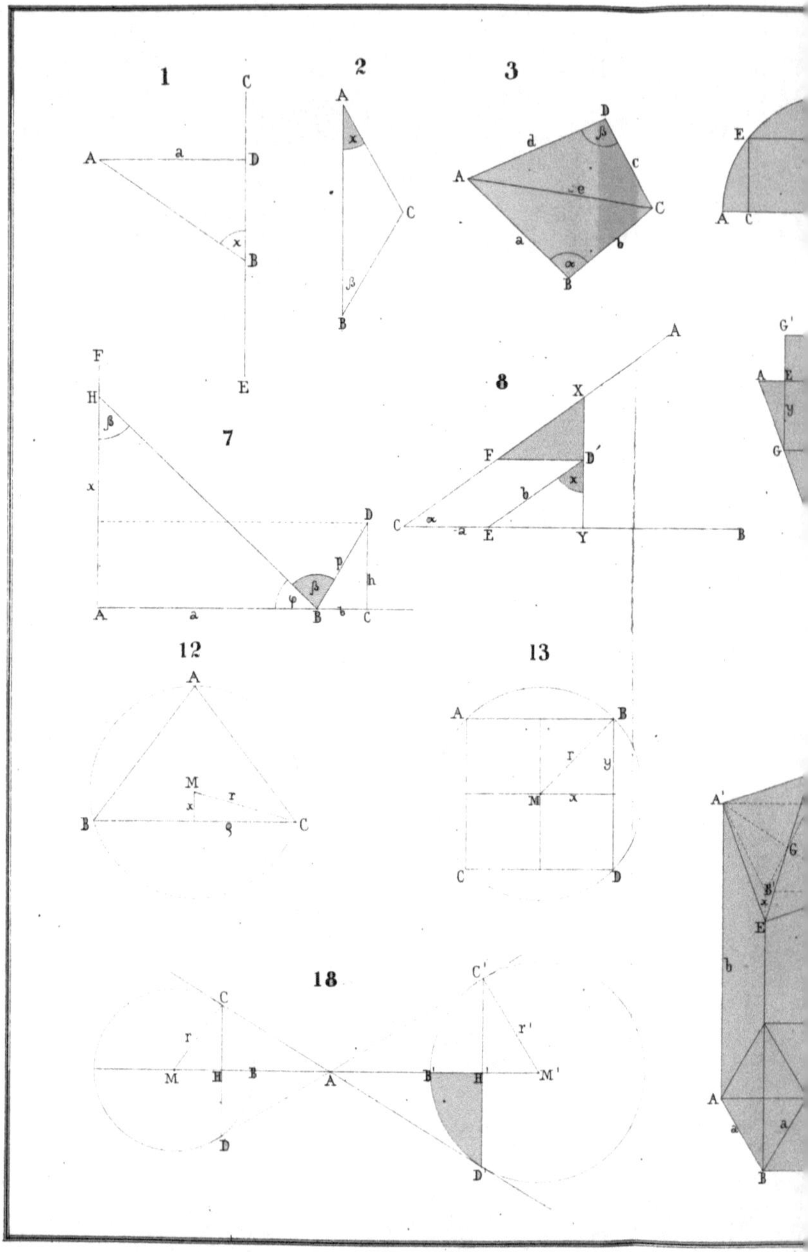
1
2
3
7
8
12
13
18

Taf: I.

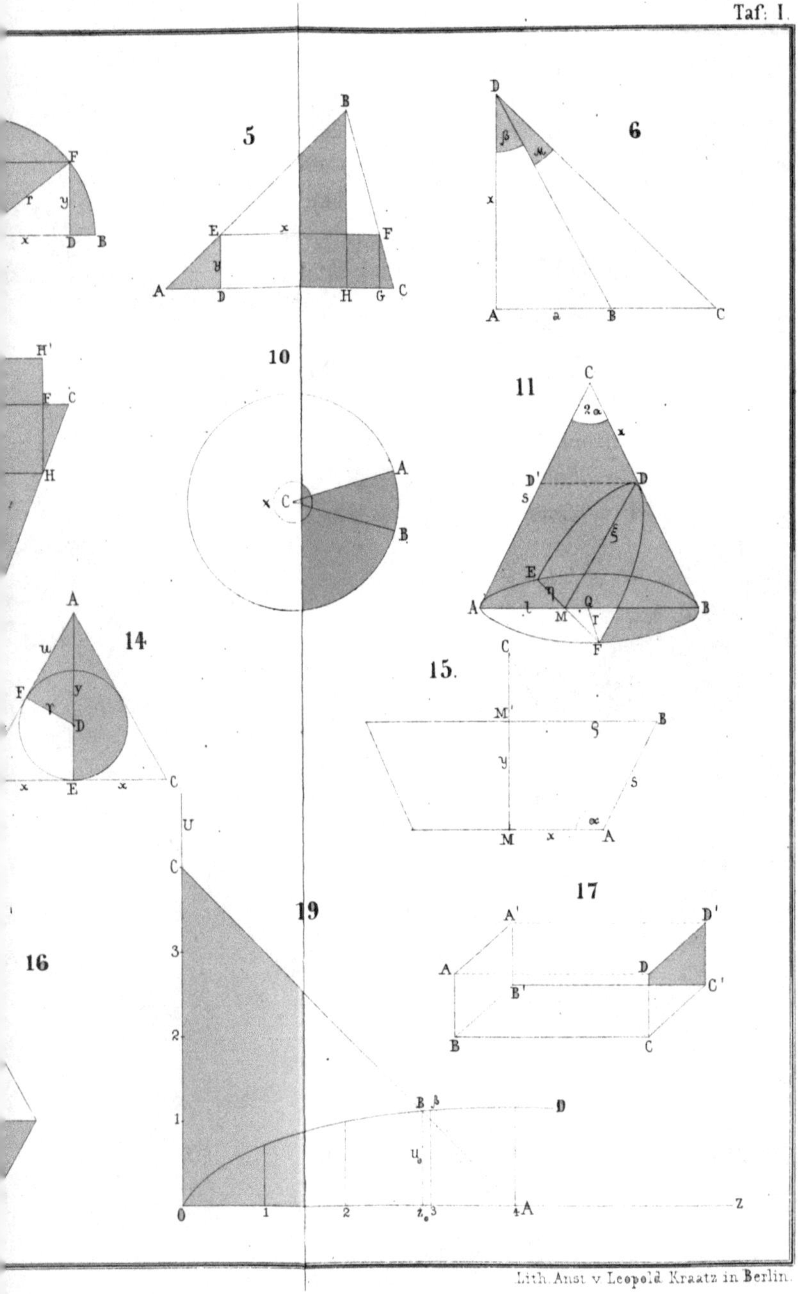

Lith. Anst. v. Leopold Kraatz in Berlin.

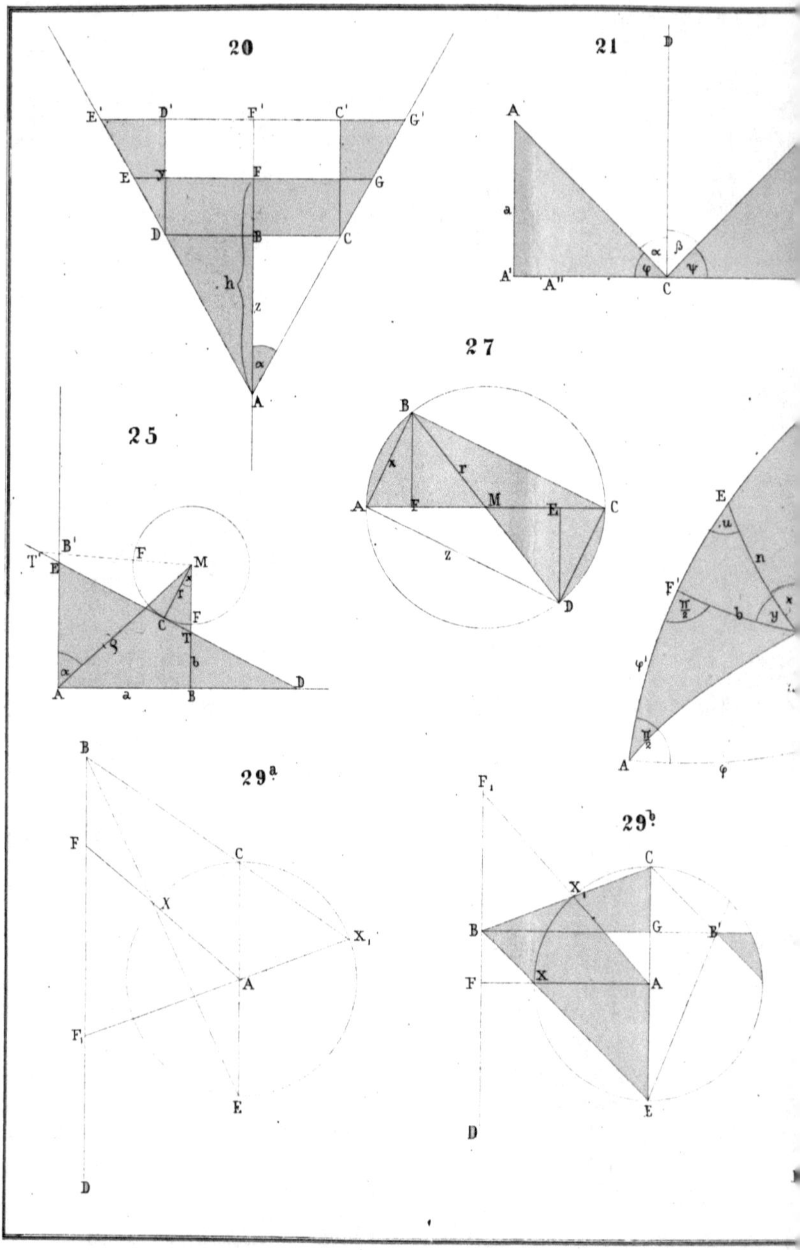

20

21

27

25

29^a

29^b

Taf. II.

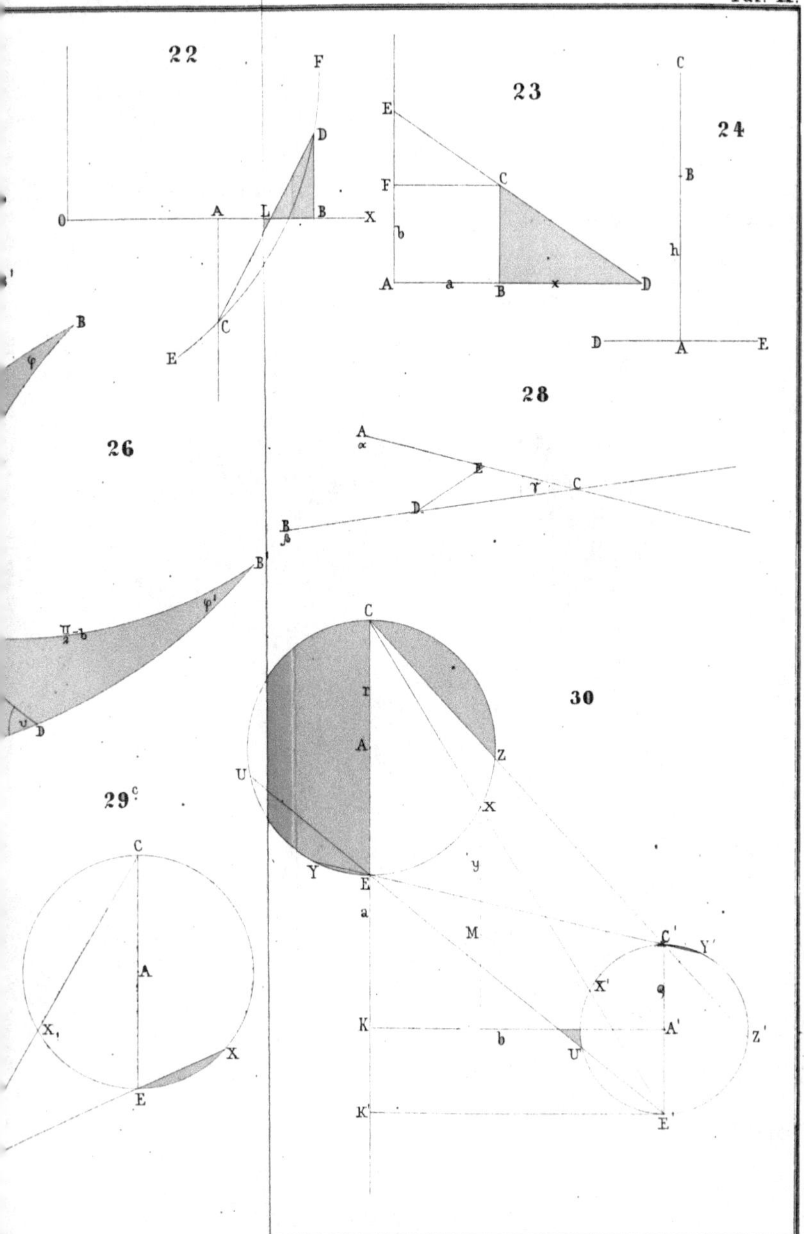

Lith. Anst. v. Leopold Kraatz in Berlin.

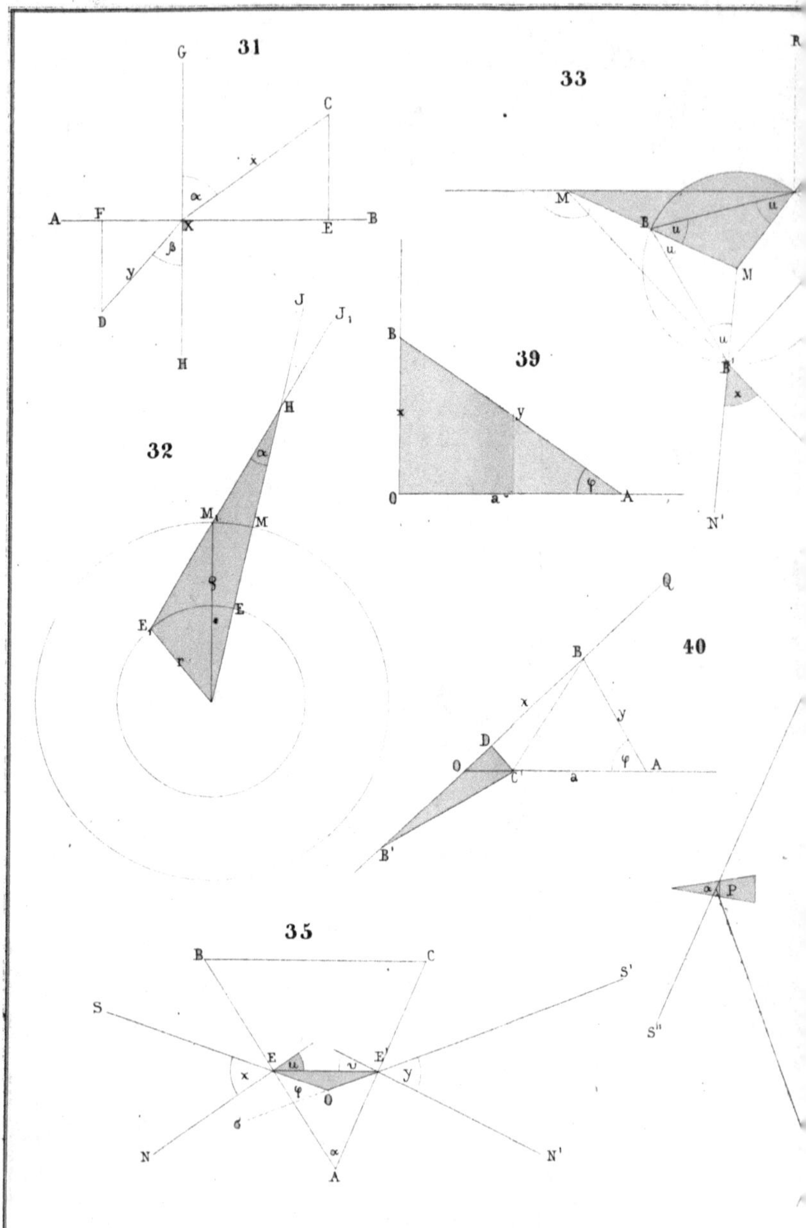
31
32
33
39
40
35

34

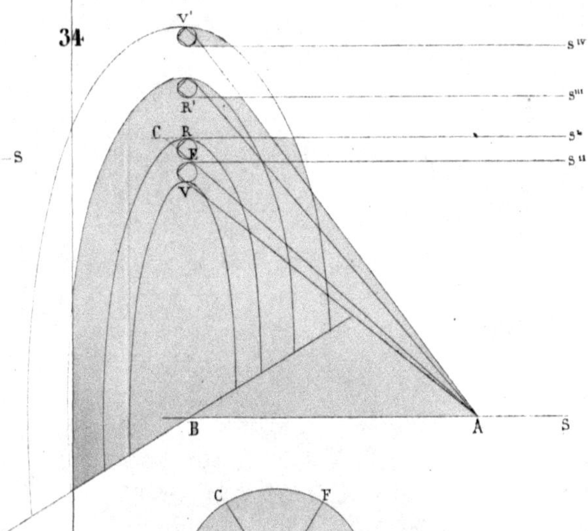

38a

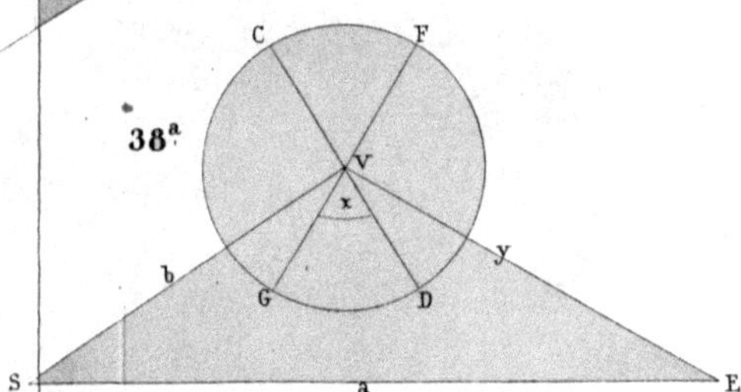

37

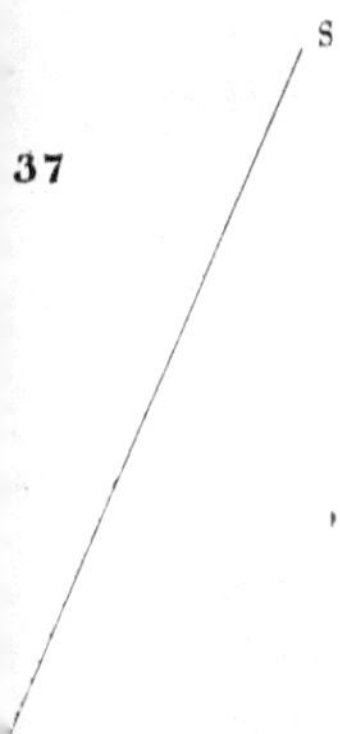

36

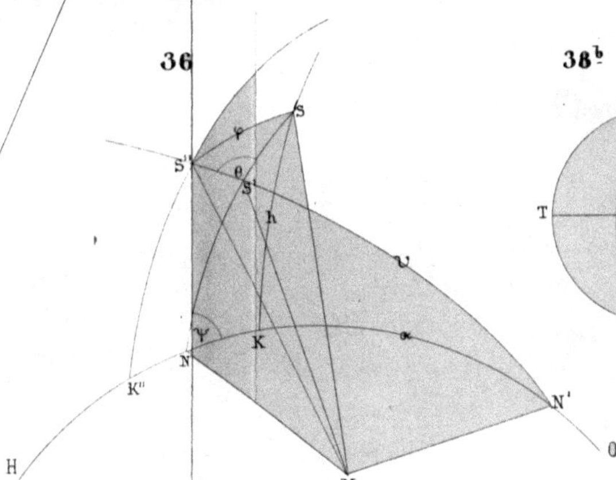

38b

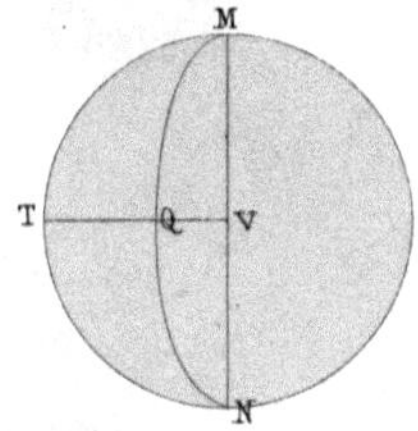

Lith. Anst. v. Leopold Kraatz in Berlin.

41

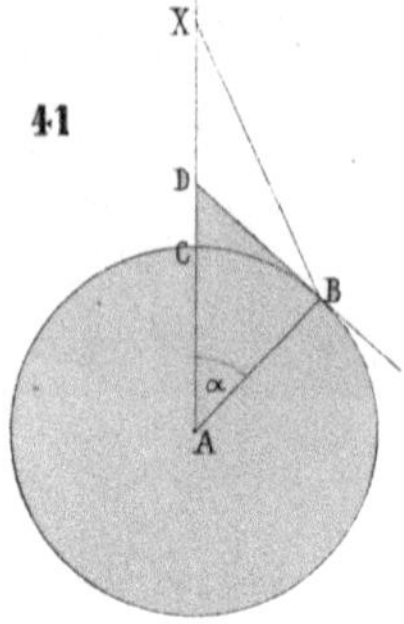
X
D
C
B
α
A

42

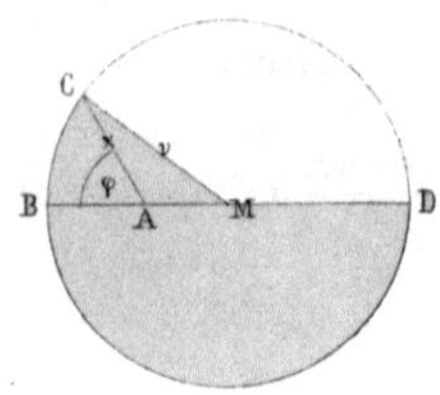
C
ν
φ
B
A
M
D

43

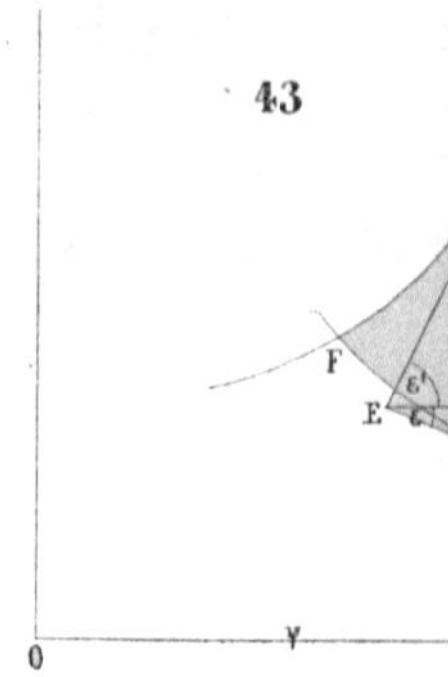
F
E
0
y

45

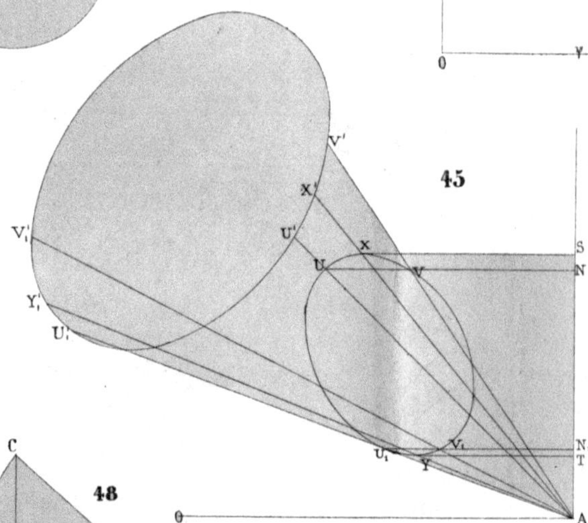
V'
X'
U'
V'₁
Y'₁
U'₁
x
U
V
S
N
U₁
Y
V₁
N₁
T
θ
A

Z
M
0

48

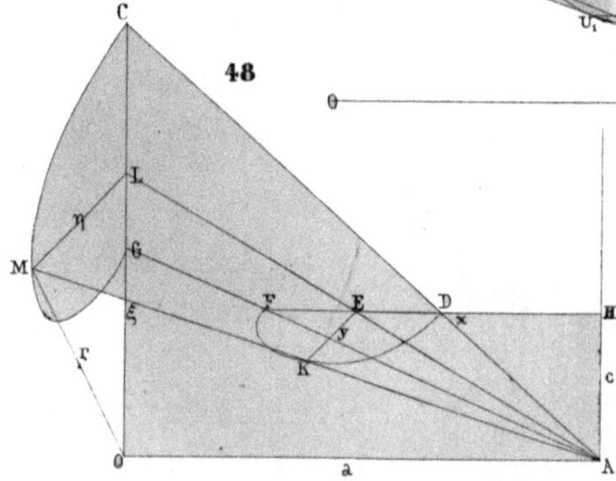
C
L
η
G
M
ξ
F
E
D
H
y
K
Γ
c
0
a
A

44

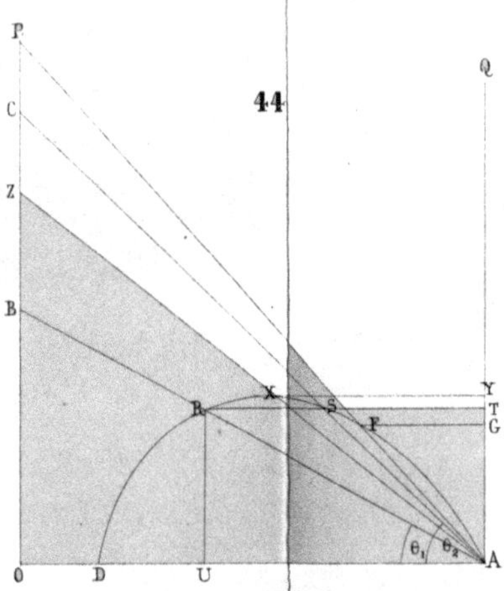

47

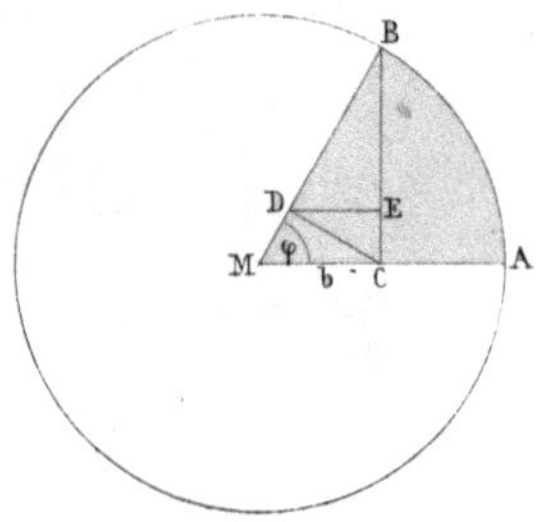

46

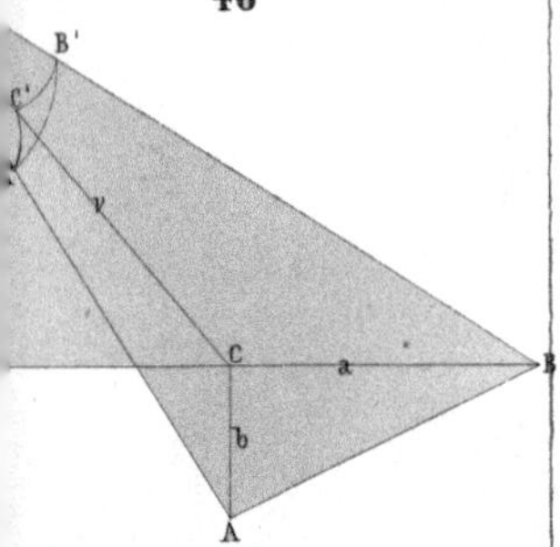

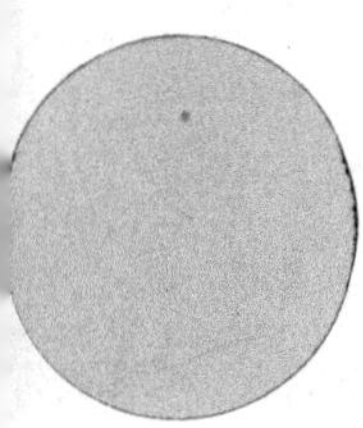

50

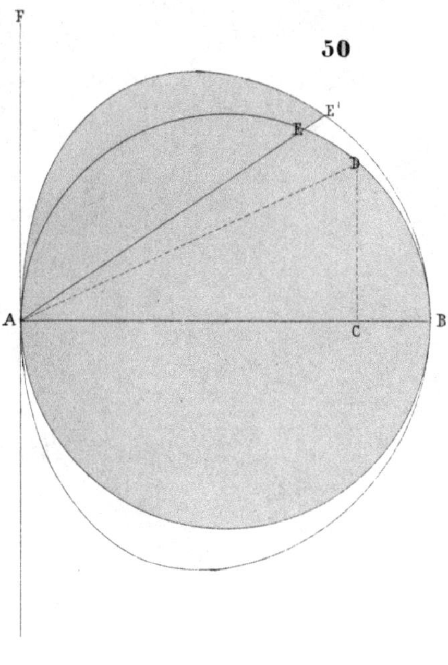

Lith. Anst. v. Leopold Kraatz in Berlin.

51

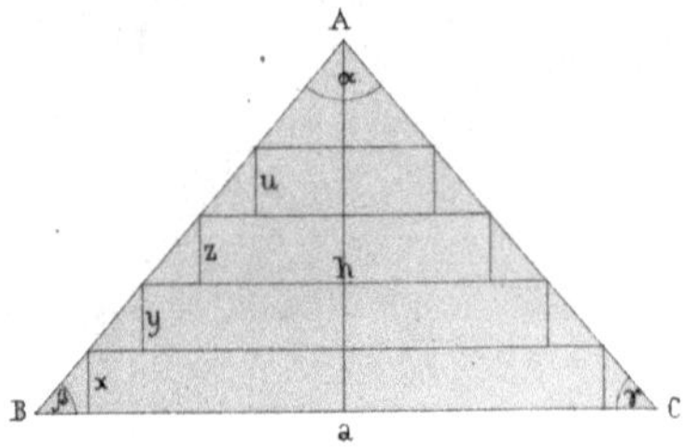

52

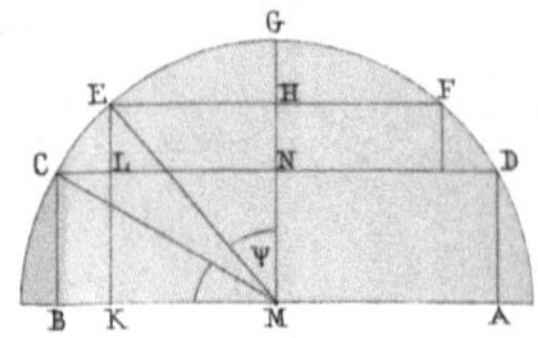

58

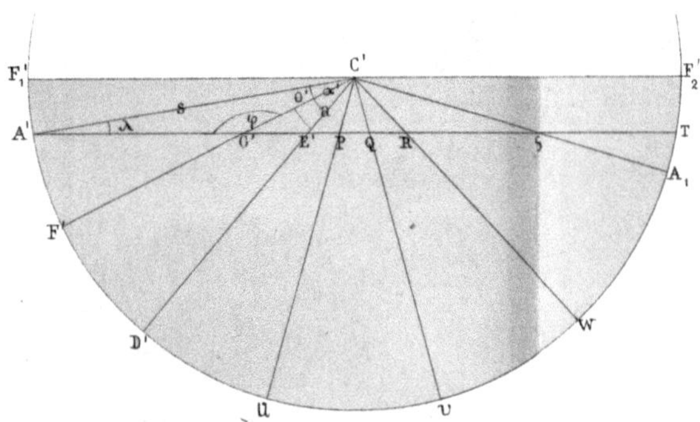

61

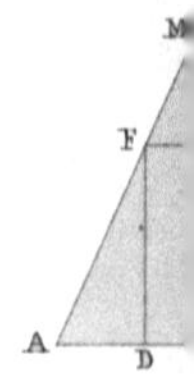

57

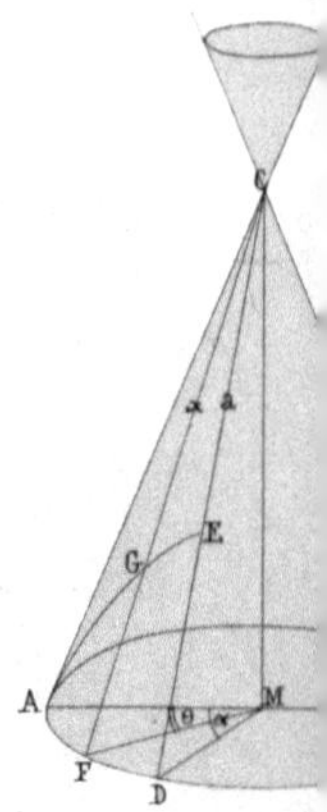

62

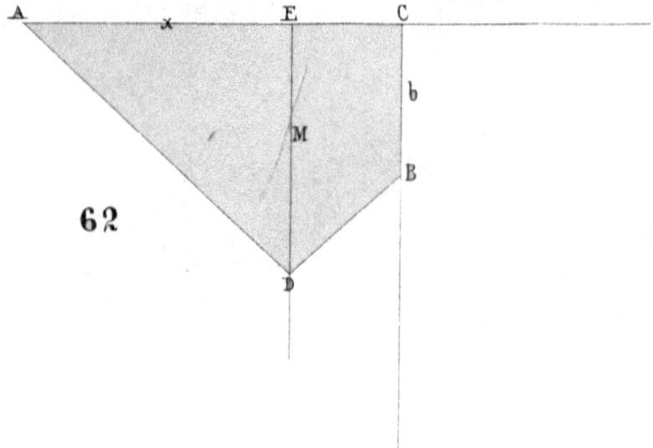

Taf: V.

53

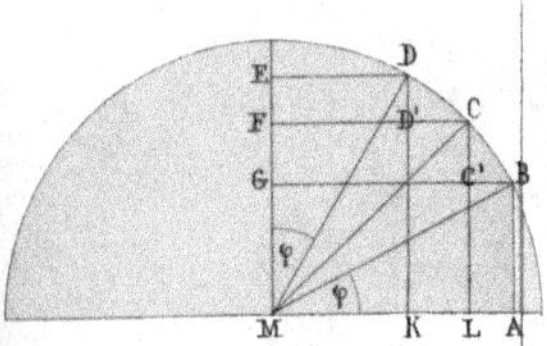

54

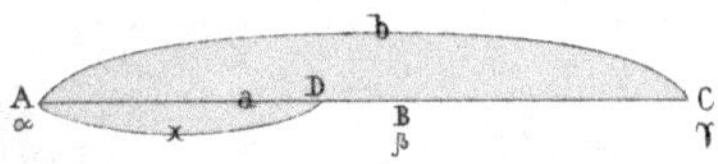

55

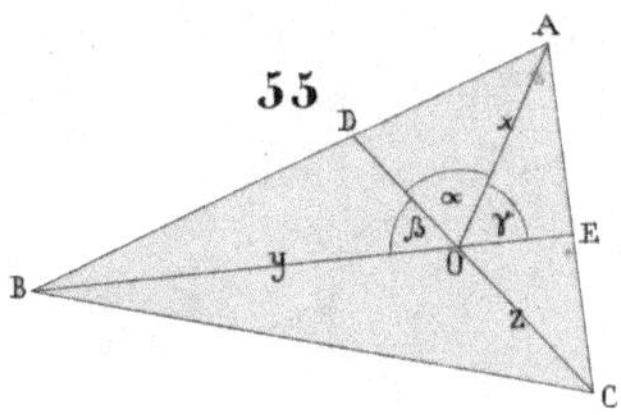

56

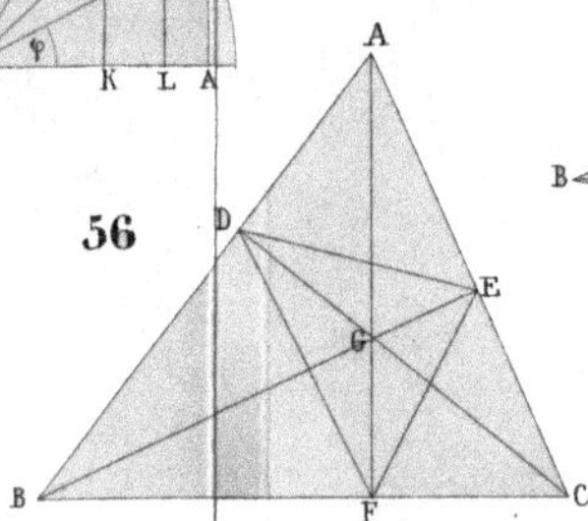

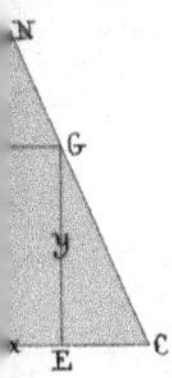

59

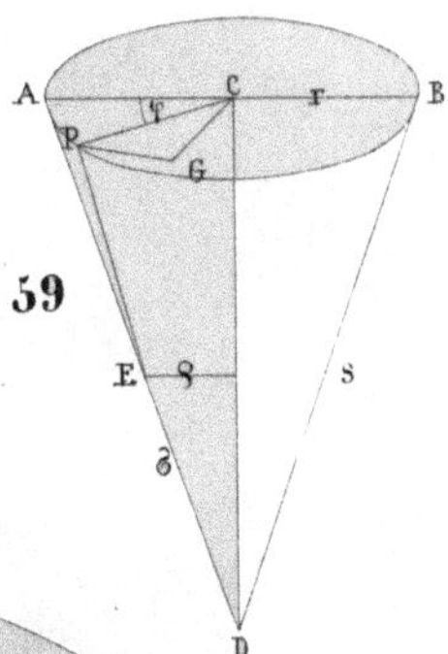

60

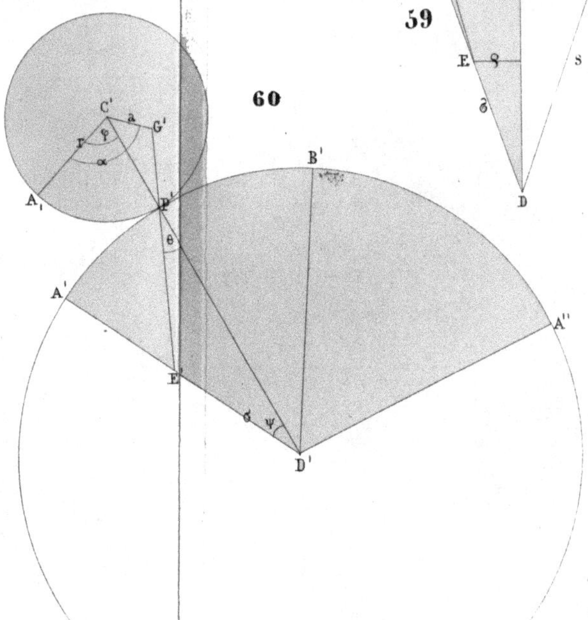

Lith. Anst. v. Leopold Kraatz in Berlin.

63

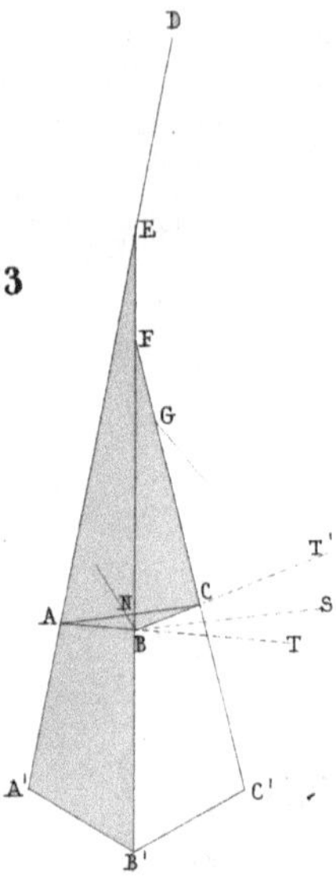

64

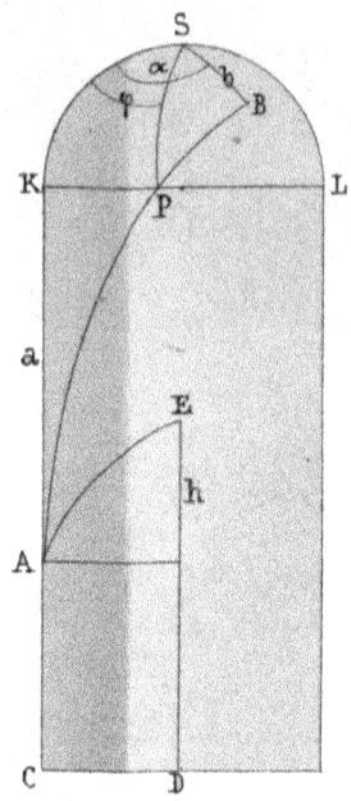

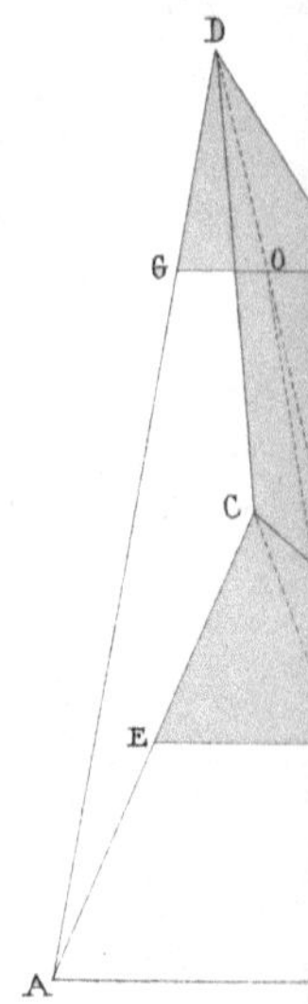

67

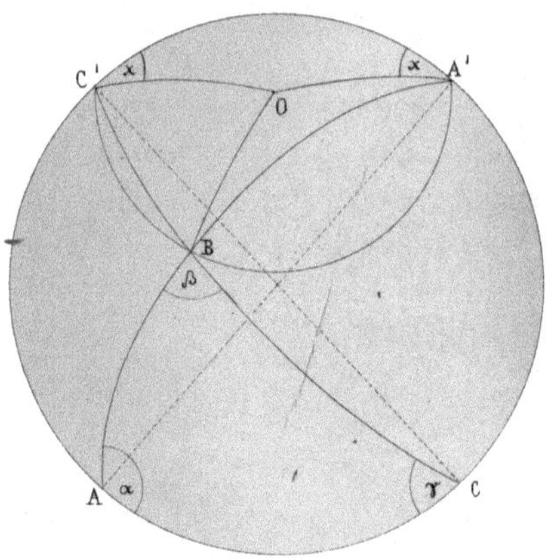

66

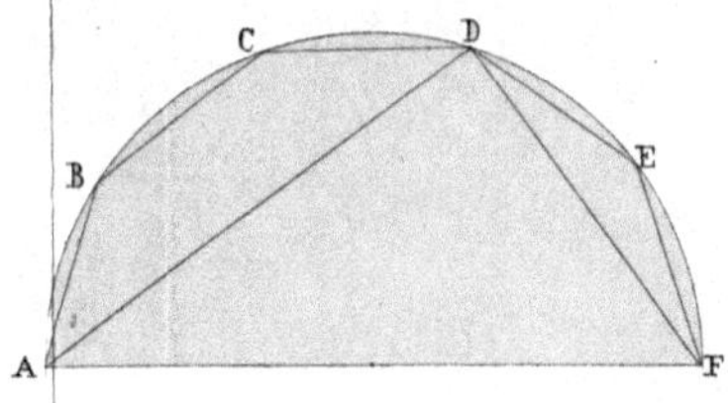

65

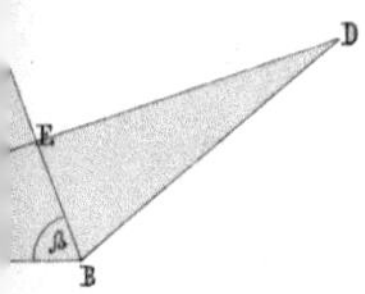

69

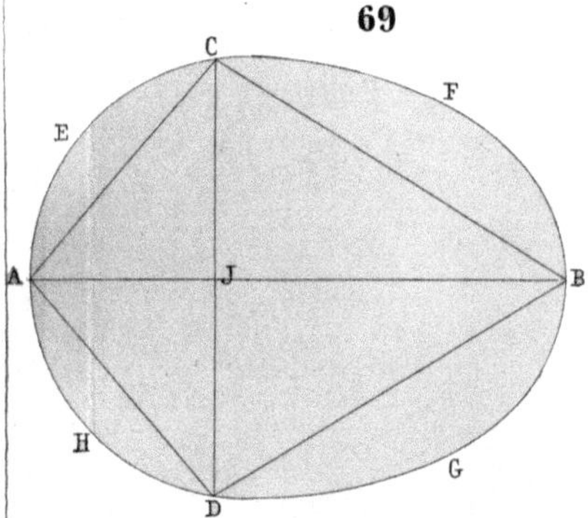

70

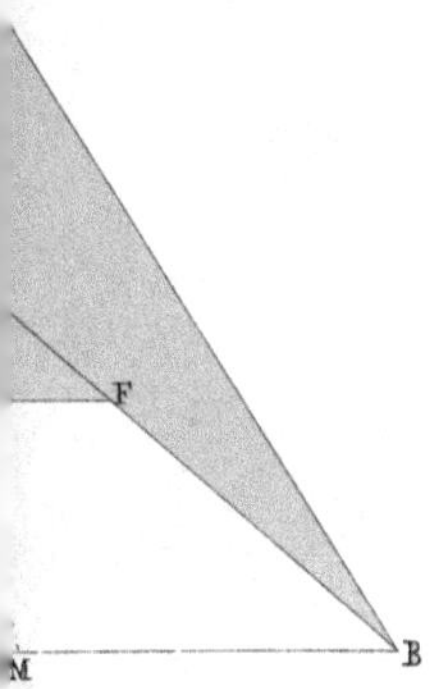

68

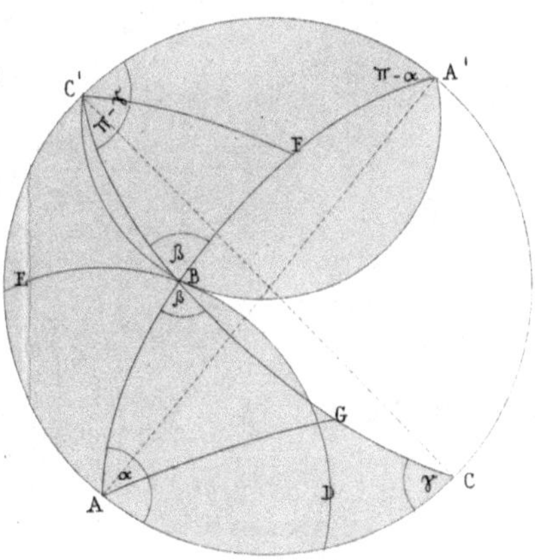

Lith. Anst. v Leopold Kraatz in Berlin.

FSC
www.fsc.org
MIX
Papier | Fördert gute Waldnutzung
FSC® C083411

Zeitfracht Medien GmbH
Ferdinand-Jühlke-Straße 7
99095 Erfurt, Deutschland
produktsicherheit@kolibri360.de